“十三五”国家重点研发计划（No. 2017YFD0301104）
河南省高校科技创新团队支持计划（21IRTSTHN023）
中原院士基金（豫组通〔2018〕37 号）

氨基寡糖素对小麦和玉米的促生作用及其机理的研究

刘润强　著

中国农业出版社
北　京

内 容 简 介

小麦和玉米是我国重要的粮食作物，确保这两种主要粮食作物的优质、高产和稳产对保障我国粮食安全具有重要的意义。氨基寡糖素也称农业专用壳寡糖，作为一种对环境友好的新型生物农药，氨基寡糖素不仅可以促进植物的生长，还可以诱导和提高植物对病虫害的抗性。为了探究氨基寡糖素在应用时的最佳浓度以及对小麦及玉米生长的影响，本文开展了以下研究工作：一是采用培养皿试验对氨基寡糖素使用时的浓度进行初步筛选；二是通过室内盆栽试验探究氨基寡糖素对小麦及玉米的生理性状及酶活性的影响；三是通过大田试验验证氨基寡糖素在小麦和玉米的实际生产中是否具有与室内试验相同的效果。

本书适合从事农药学研究的科研人员、行政管理人员及农药企业管理人员阅读，也可以作为高等院校农药学专业教师、学生的参考书。

序

农业是人类赖以生存的基础。主要粮食作物小麦、玉米的稳产高产，是关系国家长治久安、人民幸福安康的重要工程。河南作为我国的中原粮仓，是小麦、玉米的主产区。由河南科技学院承担的国家重点研发计划——小麦、玉米抗逆减灾和绿色防控技术体系构建（No. 2017YFD0301104），河南省高校科技创新团队支持计划（21IRTSTHN023），中原院士基金——高效低毒低残留新型农药创制及电化学传感器的研制与应用（豫组通〔2018〕37号）等项目均是围绕小麦、玉米安全生产设立的。由刘润强博士领衔的科研团队在总结了学界对生物农药氨基寡糖素研究基础上，经过三年多室内外的大量实验证明，用氨基寡糖素处理，对黄淮海地区大规模种植的冬小麦、夏玉米部分品种的种子发芽、苗期生长均具有显著的促进作用，进一步研究发现其作用的机制在于提升了作物过氧化氢酶（CAT）、过氧化物酶（POD）、多酚氧化酶（PPO）、超氧化物歧化酶（SOD）的活性，而代谢产物丙二醛（MDA）的含量则会明显降低，并将整个研究过程与数据分析整理成书，可为业内同仁进一步研究开发氨基寡糖素产品并用于指导生产提供参考。

本书共分4章，第1章系统总结了氨基寡糖素现有的研究成果，从寡糖分类、不同来源，到该类物质对植物叶绿素含量等，将氨基寡糖素影响植物抗逆免疫的作用机制进行了清晰的梳理。第2章基于氨基寡糖素作用机制的认识，在可控的环境条件下测试不同浓度的氨基寡糖素对小麦、玉米发芽的影响，得到了氨基寡糖素对小麦、玉米种子发芽具有促进作用的结果。第3章应用室内盆栽方式，让处理的小麦、玉米继续生长，并对其生长参数、四种功能酶活性进行检测，探寻氨基寡糖素对苗期生长的持续促进作用，以及细胞生理变化的影响机制。第 4 章利用田间生产试验，验证氨基寡糖素在河南主要小麦、玉米种植品种上的应用效果，证明了在自然生态环境中，其对小麦、玉米的生长均具有促进效果。

本人作为植保领域的一位从业者，研读此书后，结合对当下农业生产的理解，以为该项研究至少能够在以下几个方面为小麦、玉米安全生产提供新思路。第一，从种子处理入手，不仅可以大量减少农药使用量，起到事半功倍的植保效果，而且与种子加工、分装相结合，能够做到生产技术的标准化。如果在此基础上，针对作物重点靶标，与其他的防虫、防病产品融合，就更能提高防控效率，降低生产成本了。第二，氨基寡糖素可以促进小麦、玉米发芽，增强苗期长势，有利于冬小麦、夏玉米抢收抢种，早出苗、保壮苗、增加有效分蘖，为保障产量打好基础。第三，氨基寡糖素作为生物产品，对土壤、水和种子安全，而且通过提高作物功能酶活性，增强免疫抗性，是减少农药使用的有效途径。第四，适应机械化生产的生物种衣剂开发应用是现代农业的新要求：该项研究总结了氨基寡糖素的最佳使用浓度是 500～800 μg/mL，使用方法是浸种，如果能够制备出可以直接包衣的生物产品，在种子吸水膨胀时进入种子内部起作用，会更有利于种子规模化处理和机械化播种。

该项研究尚处于基础阶段，对于氨基寡糖素不同剂型、不同使用方法对小麦、玉米生长的影响，抗病性、抗逆性的变化，以及影响的持续性还有待进一步研究。该书的出版，能够给生物农药应用领域的拓展，适应大田作物不同机械水平的剂型研发带来启迪，也能够在一定程度上改变见虫治虫、见病治病的植保思维，使以保障植物健康为宗旨、调控有害生物种群数量的防治方法成为绿色防控的主流。

张富飞

2021.4月于北京

前　　言

已有研究表明，氨基寡糖素对很多植物具有促生长作用，但其对主要粮食作物小麦和玉米是否具有相似的效果，目前还不清楚。为了探究氨基寡糖素在应用时的最佳浓度以及对小麦和玉米生长的影响，本书开展的研究及相关结果如下：

1. 为了探究氨基寡糖素使用的最佳浓度范围，开展了培养皿试验，采用0.01 μg/mL、0.1 μg/mL、1 μg/mL、10 μg/mL、100 μg/mL、1 000 μg/mL、10 000 μg/mL的氨基寡糖素对小麦及玉米种子进行浸泡处理，并进一步测定它们的发芽率、胚芽鞘长度、株高、根长、地上部和地下部干重、鲜重等指标。结果表明，氨基寡糖素使用浓度为10～100 μg/mL时，对小麦幼苗的生长有良好的促进作用；使用浓度为10～10 000 μg/mL时，对玉米幼苗的生长有良好的促进作用。

2. 为了探究氨基寡糖素的促生长作用，开展了室内盆栽试验，并在培养皿试验的基础上进一步细化浓度梯度后对小麦及玉米种子进行处理，探究不同条件下生理性状之间的差异。结果表明，与清水对照组相比，使用浓度为50～800 μg/mL氨基寡糖素溶液进行浸种处理，对两种作物的生长均具有一定的促进作用，而且过氧化氢酶（CAT）等几种抗氧化酶的活性与对照相比均显著升高。

3. 为了探究在实际农业生产中氨基寡糖素对小麦及玉米的促生长作用，我们进行了大田试验，通过测定代谢产物丙二醛（MDA）含量，以及过氧化氢酶（CAT）、过氧化物酶（POD）、多酚氧化酶（PPO）、超氧化物歧化酶（SOD）的活性用于综合反映不同浓度的氨基寡糖素处理对3个小麦品种和3个玉米品种生长的影响。结果表明，当氨基寡糖素浓度为50～800 μg/mL时，小麦及玉米叶片中代谢产物丙二醛的含量与对照相比明显降低；同时几种抗氧化酶的活性与对照相比显著增加。

研究结果表明，使用氨基寡糖素对两种作物种子进行处理后，在一定浓度范围内对小麦和玉米的生长都具有一定的促进作用，进而影响到其产量和品质；同时对小麦和玉米的丙二醛含量，以及过氧化氢酶、过氧化物酶、多酚氧化酶、超氧化物歧化酶等酶的活性也有一定的调节作用。

本书在出版过程中得到“十三五”国家重点研发计划——小麦、玉米抗逆减灾和绿色防控技术体系构建（No. 2017YFD0301104），河南省高校科技创新团队支持计划（21IRTSTHN023），中原院士基金——高效低毒低残留新型农药创制及电化学传感器的研制与应用（豫组通〔2018〕37号）等项目的大力支持和帮助。同时得到河南农业大学植物保护学院、河南科技学院资源与环境学院、河南省绿色农药创制与智能农残传感监测工程技术研究中心和河南省生物药肥研发与协同应用工程研究中心的大力支持和帮助，在此表示衷心感谢。

目　　录

第1章　绪　论

小麦是世界上重要的粮食作物之一，其在世界各地广泛种植，养活了全球近40%的人口[1]。小麦作为我国的主要粮食作物[2]，播种面积达3.62亿亩*，占粮食作物总面积的21%左右，满足约50%的中国人口的粮食需求[3]，小麦长期以来都在我国粮食作物中占据重要地位[4]。小麦的安全生产对我国国计民生具有重要意义[5]，自中华人民共和国成立以来，小麦生产有了较大的发展，小麦作为我国重要的商品粮和战略储备粮，在国家粮食安全中表现出了极为重要的作用[6]。同时小麦是一种具有悠久历史的农作物，是人们食用的主要粮食种类之一，其生产安全一直是不容忽视的问题[7]，确保小麦安全健壮地生长至关重要。

玉米是世界上重要的农作物之一，是集粮食、畜牧业饲料、工业原料三位于一体的农作物，其产量占粮食总产量的30%以上[8-9]。我国是夏玉米主要生产国之一，具有较大的夏玉米种植面积，为世界粮食生产做出了巨大的贡献[10]。除了作为粮食外，玉米在畜牧业中也是必不可少的，畜牧业饲养中也需要大量的玉米添加饲料；另外，玉米中70%是淀粉，我国淀粉行业90%左右都是以玉米为原料的。随着社会经济的发展，工业原料市场对玉米的需求量不断增加，同时粮食安全生产问题也越来越被人们所关注，提高玉米产量是刻不容缓的问题[11]。

目前，农业生产中对病虫害的防治仍是以化学药剂为主，急需安全可靠、对环境友好、低毒、低残留的生物农药以及相应的施用

---

* 亩为非法定计量单位，1亩≈667 m^2。——编者注

技术来改变农业生产的现状[12]。种子处理技术具有对环境友好、防治效果佳、农药的利用率高等特点[13]，还可以将农药、植物生长调节剂、微量元素肥料等通过成膜剂和助剂的作用，将它们包裹在种子表面并形成种衣，使得各种活性物质缓慢释放，进而起到调节植物生长、防治病虫害和提高植物抗逆性等作用[14]。生物农药因具有不易使病虫害产生抗性、低毒、低残留、对环境友好、不伤害非靶标生物等一系列优势[15]，越来越受到人们的欢迎。氨基寡糖素作为一种新型生物农药，对环境友好，可促进植物的生长，并在一定程度上能提高植物对病虫害的抗性，因而人们对它的应用效果和作用机制进行了广泛深入的研究[16-19]。

1.1 寡糖的研究进展

1.1.1 寡糖的概述

糖类在自然界中广泛存在，能为动植物提供能量。2～10 个单糖分子经过脱水缩合，然后通过糖苷键连接而形成的直链或支链化合物被称为寡糖[20-21]。

有研究表明，寡糖在维持机体的免疫系统稳定性上具有重要的作用，且通常低脱乙酰度壳寡糖的生物活性比传统的高脱乙酰度壳寡糖更高[22]；寡糖激发子在低浓度下就能诱导植物表现出显著的抗病性[23]；壳寡糖可以通过提高叶绿素的含量，从而显著提高叶片光合作用的速率，并显著提高关键酶活性，最终提高果实品质[24-25]；外源寡糖能够提高动物的日增重及饲料转化率，增加动物产乳量，并且改善乳的品质，降低动物疾病的发生率，可以作为一种新型、绿色、安全的饲料添加剂[26]。

罗刚等[27]研究发现，用氨基寡糖素和钾营养调节剂配施以防治烟草普通花叶病毒病，能有效地降低烟草普通花叶病毒病的病情指数和发病率，并能提高烟叶外观质量和评吸质量。张小倩[28]以小麦为研究对象，发现壳寡糖的促生长作用和调节植株代谢作用与寡糖的聚合度有关。香菇多糖是一种理想的药物，具有抗肿瘤、抗病毒、抗感染等活性，其生理活性中心就是一些寡糖片段[29]。有研究表明，经过不同处理（如乙酰化、硫酸化、磷酸化等）的k-卡拉胶寡糖，具有较强的抗氧化活性[30]。

1.1.2 寡糖的分类

根据来源的不同，可以将具有代表性的能够调节植物生理活性的寡糖分为以下几大类：

1.1.2.1 植物来源的寡糖：寡聚半乳糖醛酸（oligo galacturonides，OGA）

寡聚半乳糖醛酸是半乳糖醛酸通过 α-1,4-糖苷键连接而形成的寡糖，寡聚半乳糖醛酸来源于果胶多糖，广泛分布于植物细胞初生壁和细胞间层中[31]。寡聚半乳糖醛酸可以作为生物农药，诱导植物的防御反应和对植物病原菌的体外抑菌，也可以调节植物的生长发育[32]。Randoux 等[33]将寡聚半乳糖醛酸作用于患白粉病的小麦，发现喷洒寡聚半乳糖醛酸 48 h 之后，小麦白粉病患病率降至58%；用寡聚半乳糖醛酸涂抹未接种白粉病菌的小麦叶后，草酸氧化酶、过氧化物酶、脂氧合酶均有所响应，这说明寡聚半乳糖醛酸诱导活性氧参与了小麦的免疫调节。中国科学院大连化学物理研究所赵小明等[34]用酶解法制备得到了寡聚半乳糖醛酸（中科 2 号），并对其进行了一系列的试验，试验发现寡聚半乳糖醛酸水剂对苹果花叶病防治效果为 87.81%～92.08%，其防治效果比对照药剂（20%病毒）的防治效果（81.11%）要高，比对照区增产 20%～23%，寡聚半乳糖醛酸是防治苹果花叶病较为理想的药剂。

1.1.2.2 真菌来源的寡糖：葡聚寡糖（oligo glucoside）

葡聚寡糖作为一种植物激发子，能够调节植物的生长发育，诱导植物植保素的形成，激发植物的防御反应[35]，β-葡七糖是最小的并且具有激发子活性的葡聚寡糖，它作为一种寡糖激活剂，最先在大雄疫霉菌中被发现[36]。邱驰等[37]利用大豆子叶法对人工合成的几种葡聚寡糖激发子及其衍生物的生物活性进行测定，发现它们都能诱导大豆叶片积累植保素，这为研制出高效低毒的葡聚寡糖类农药奠定了理论基础。

1.1.2.3 动物来源的寡糖：壳寡糖（oligo chitosan，COS）

几丁质是海洋甲壳类动物中含有的最丰富的聚合物[38-39]。在工业生产中，甲壳类动物甲壳素的提取分为两步：NaOH 脱蛋白[40]和去盐。甲壳素有 3 个变体，为 α-甲壳素、β-甲壳素、γ-甲壳素。α-甲壳素和 β-甲壳素分别是由多糖链层的平行结构和反平行结构构成。然而，γ-甲壳素包含平行结构的多糖链和散落的反平行结构的单链[41]。壳聚糖是甲壳素的脱乙酰基产品，它包括超过 80%的 β-（1,4）-2-氨基-D-吡喃葡萄糖和不到 20%的 β-（1,4）-2-乙酰氨基-D-吡喃葡萄糖[42]。几丁质和壳聚糖由于无毒，有生物相容性和生物活性，被广泛应用于化妆品、医药和水处理等领域[43-46]。Kim 等[47]设计了低分子质量壳聚糖纳米粒（CNP）和高乙酰化度的壳聚糖纳米粒，并探讨了 CNP 对珍珠粟霜霉病的影响；结果表明，CNP 能通过提高一氧化氮的生成，诱导机体对黑麦病产生系统持久的抗性。然而，在中性 pH 下溶解性差的性质限制了高分子质量甲壳素和壳聚糖的应用。

壳寡糖又称为壳聚糖低聚物，是指聚合度≤20，平均分子质量小于 3.9 ku（一般为 0.2～3.0 ku）的壳聚糖[48-49]。有时更大的分子也被称为壳寡糖，短低聚物（0.2～0.8 ku）和长低聚物（2.0～3.0 ku）的活性差异很大。壳寡糖具有分子质量小、溶解度高、吸湿性好、吸湿能力强、生物相容性好等优点。此外，壳寡糖还可以防止细菌和真菌的生长[50-51]，发挥抗肿瘤活性[52-53]，缓解炎症反应[54-55]，并可作为免疫增强剂[56-59]。

壳寡糖还可以刺激植物生长，增加生物量积累，增加光合色素含量以及营养物质的含量[60]。与壳聚糖相比，壳寡糖对植物具有更强的生物活性，具有较大的农业实际应用潜力。

制备壳寡糖的方法有化学降解法[61-62]、物理降解法[63]、酶解法[64]。与壳聚糖相比，壳寡糖具有更好的水溶性，并具有广泛的生物学活性，包括抗肿瘤活性[65]、抗氧化活性[66]、抗糖基化活性[67]、免疫增强活性[68]、抗微生物活性[69]以及促进伤口愈合等活性[70]，因此壳寡糖被广泛应用于医药行业及食品行业[71]。此外，研究表明，壳寡糖可以促进植物生长，增加蔬菜及作物的产量，并能提高植物抗性[72]。Lan 等研究发现，在浸渍水中加入壳寡糖后，大麦根芽萌发率和叶芽萌发率均有所提高；在浸水条件下，添加低聚葡萄糖后，麦芽中水解酶和抗氧化酶（超氧化物歧化酶和过氧化氢酶）的活性均呈剂量依赖性增加，水解酶的壳寡糖最大促进量为1 mg/L，超氧化物歧化酶和过氧化氢酶的促进量均为 10 mg/L[73]。Guo 等[74]研究发现，用壳寡糖在第一个浸泡周期以 10 mg/kg 的量添加至大麦籽粒中，得到酚类化合物的最大产量，与不添加壳寡糖的对照相比，浸泡水中总酚含量增加了 54.8%；在第一个以及第二个浸泡周期中，当应用壳寡糖时，大麦麦芽的总酚含量增加，在浸渍过程中加入几丁质寡糖可显著提高大麦麦芽的抗氧化能力。壳寡糖可以作为植物防御机制的诱导剂[75]，同时有研究表明，壳寡糖可以使菌丝变形、膨胀，从而使茶树免受茶白星病的危害[76]。Kim 等[77]通过研究证明，壳寡糖对由水稻恶苗病菌（*Fusarium fujikuroi*）感染引起的破坏性水稻病害具有一定的抑制作用，并且它还能够有效提高水稻的生长能力。Piotr 等以海雀鳞茎为研究对象，用壳寡糖对其进行涂层处理，进行为期 3 年的研究，研究结果证明，壳寡糖能够刺激海雀鳞茎生长开花，同时还能够提高叶绿素总含量、多酚总含量以及氮、磷、钾、硼的含量[78]。

1.1.2.4 海藻来源的寡糖：褐藻寡糖（alginate-derived oligosaccharide，ADO）

在众多种类的寡糖中，海洋寡糖相比于陆地寡糖具有更为特殊的分子结构和生物活性。此外，海洋寡糖比海洋多糖具有更好的溶解性，且其分子质量小，可以进入植物细胞内部，它的某些生理活性甚至强于海洋多糖[79]。

褐藻中含有大量的褐藻多糖，褐藻多糖是一种细胞间海洋多糖，它主要包括褐藻胶、褐藻糖胶和褐藻淀粉 3 类[80-81]。褐藻胶（alginate）的分子质量大、溶解性差、黏度较高，这使褐藻胶的应用受到了一定限制，但是褐藻胶的降解产物褐藻寡糖具有水溶性好和生产简便等优点[82]。

褐藻寡糖诱导植物产生抗逆作用和生长调节作用，是通过刺激植物体本身激发防御活性，从而改善植物抗病能力[83]而实现的。李佳琪等报道褐藻寡糖促进黄瓜幼苗的生长，与对照相比，褐藻寡糖处理过的幼苗株高、茎粗和鲜重等指标均显著增加，且褐藻寡糖提高了黄瓜叶片中超氧化物歧化酶（SOD）和过氧化物酶（POD）的活力，使得植物体内的氧自由基清除能力提升，褐藻寡糖还可以提高叶片中的叶绿素的含量[84]。Natsume 等将褐藻胶酶解得到了寡糖片段，得到的寡糖具有促进大麦根系生长的活性[85]。毕旺华等研究表明，低浓度的褐藻寡糖对杏鲍菇生长具有明显的促进作用[86]。Aoyagi 等和 Akimoto 等的研究都表明，将褐藻寡糖加到长春花和山葵粳稻的悬浮细胞中，几丁质酶等抗生素酶类的产量会有所提高[87-88]。有研究表明，褐藻寡糖对大麦根部的生长具有明显的促进作用，而且它在植物的传导系统中也起着关键性的作用。作为一种重要的信号分子，褐藻寡糖可以促进植物释放抗毒素，从而提高植物对病虫害的抵抗力[89]。

1.2 植物生长过程中抗逆因子的变化

当病虫害在作物生长过程中大规模暴发时，如果不能及时控制病虫害对作物的危害，将会导致作物产量和品质同时降低。目前在农业生产中，对于病虫害的防治主要依赖于化学农药。但长期大量及不合理的使用化学农药，在破坏农田生态系统的同时，对环境及人类食品安全也产生了一定影响。生物农药作为一类环境友好型物质，其使用不仅能有效减少农业生产中病虫害的发生，且无毒易降解。因此，发展和研究生物农药已成为保证作物安全和解决环境污染的重要途径[90]。

寡糖类生物农药在目前已经被成功开发出来，并被应用到不同的作物中。适当浓度的寡糖可以促进植物生长，提高作物抗病虫害、抗逆的能力，同时寡糖无污染、无残留，对环境友好，是一种新型绿色环保的生物农药[91]。

1.2.1 寡糖对植物叶绿素含量的影响

光合作用为植物生长提供所需能量。研究表明，叶绿素的含量在一定程度上能够反映植物光合作用的水平，是衡量植物代谢活动强度的一个重要指标[92-93]。邹平的研究表明，不同分子质量的壳聚糖都能提高小麦幼苗叶绿素 a、叶绿素 b 及总叶绿素的含量，分子质量最低的壳寡糖诱导处理的小麦幼苗叶片叶绿素含量最高[94]。

张运红等在研究海藻酸钠寡糖（AOS）灌根处理对小麦光合特性、干物质积累和产量的影响时发现，AOS 灌根处理可以显著提高小麦的株高、叶片叶绿素含量、旗叶的净光合速率、气孔导度、蒸腾速率和胞间 CO_2 浓度，并显著降低气孔限制值[95]。李佳琪等研究发现褐藻寡糖（ADO）可以提高叶片中叶绿素的含量，同时可以使叶片中净光合速率（P_n）、气孔导度（G_s）、蒸腾速率（T_r）、胞间 CO_2 浓度（C_i）和叶绿素荧光参数 F_v/F_m 值显著提高[84]。李映龙等[24]以华脆苹果植株为试验材料，研究对植株叶面喷施不同质量浓度的壳寡糖对叶片光合作用和果实品质的影响。结果表明：在苹果着色前，对叶面喷施不同质量浓度的壳寡糖，可提高叶片叶绿素含量和二磷酸核酮糖羧化酶活性，使叶片净光合速率和气孔导度提高。

绿色器官的光合作用是作物产量形成的关键，影响植物光合速率的因素较多，如光照、温度、湿度等，因此，在植物生长过程中应及时给予适当的光照及合适的温度、湿度等，保证植物能正常进行光合作用，使植物生长发育所需的正常条件得到保障[96]。

1.2.2　寡糖对植物根系活力的影响

植物根系的生长越来越受到人们的重视，因此，能全面认识在不同处理条件下作物的根系情况将是农业生产的必然要求。郝树芹等[97]研究发现不同的秸秆复配基质对丝瓜幼苗的根长、根系活力有显著的促进和提高作用；秦世玉等[98]采用营养液培养方法，发现施镉降低了小麦根鲜重、根长、根表面积等根系指标，从而使小麦体内生物量积累减少，小麦的正常生长受到影响。因此，在植株生长发育的过程中，较小的根冠比有利于地上部生物量的积累及作物产量的增加[99]。

罗树凯等[100]开展了氨基寡糖素对棉花促根、壮苗和增产效果试验，结果表明：使用氨基寡糖素有助于棉花主根及侧根生长，增加植株株高、茎粗、真叶数及果枝数，并能在一定程度上增加产量。Luis 等[101]通过研究发现，壳寡糖能够和生长素协同作用，一起刺激大豆侧根的形成，影响根系的生长，提高大豆的抗逆性。

1.2.3　寡糖对植物防御酶系的影响

植物体内用于清除活性氧[102]和自由基的酶系称为防御酶系或抗逆酶系，这类酶系主要包括 SOD、多酚氧化酶（PPO）、POD、过氧化氢酶（CAT）等[103]。SOD 是植物体中清除自由基最重要的防御酶类之一，能通过歧化反应生成过氧化氢和氧分子，清除生物体中由于过多氧自由基存在造成的生物损伤[104-105]。PPO在植物防御的初始阶段具有重要作用，膜的损伤会导致酚类物质的释放，PPO能催化酚类物质氧化成能与生物分子发生反应的自由基，从而对病原体的发育形成不利的环境[106-107]。POD在各种应力诱导物的刺激下参与酚类化合物的生物合成[108]，有效缓解逆境胁迫给植物生长所带来的压力。CAT是活性氧代谢的重要清除酶，其主要作用是清除植物细胞中的 H_2O_2。

一些试验研究结果表明，氨基寡糖素作用于植物体，植物体中各种防御酶的活性氧水平会迅速升高[109-110]，它们与植物的抗病性、抗逆性也有着紧密的联系[111]。袁新琳等[112]研究了氨基寡糖素诱导棉花抗病虫作用，结果表明，氨基寡糖素对棉花枯萎病和黄萎病有较好的防治效果，能够诱导提高棉叶中POD、PPO和苯丙氨酸解氨酶（PAL）的活性。

1.2.4 寡糖对植物细胞壁木质素积累的影响

细胞壁内的木质素能够使植物不易被病原菌穿透，起到保护植物细胞的作用。植物的一些主要生长指标（如叶面积、株高、茎粗等）随着POD、PAL、CAT、几丁质酶及木质素含量的提高而增加[113]，富含羟基脯氨酸糖蛋白（HRGP）参与细胞壁的防御机制，POD、HRGP、SOD、CAT等的含量和活性决定了植物抗性相关防御系统的强度[114]。

有研究表明，激发子能够诱导西瓜苗的细胞壁积累木质素，使细胞木质化，从而激发植物的抗病性[115]。程智慧等[116]的研究表明，苯并噻二唑（BTH）提高了黄瓜幼苗的木质素和HRGP的含量，该研究还表明了细胞壁木质素的积累与黄瓜对霜霉病的抗性反应有关。赵亚婷等[117]研究发现，寡糖处理能通过诱导提高杏果实病程相关蛋白及细胞壁HRGP和木质素的含量来增强杏果实对黑斑病的抗性。

1.3 立题依据与研究内容

1.3.1 立题依据

近年来，我国农业生产水平有了极大的提高，农产品产量已基本满足我国现阶段人们的需求。但是，在农业生产中常遇到各种自然因素或人为因素，它们可能对农作物产量造成影响，而且农药及化肥的不合理使用同样给农产品的质量及环境带来了负面影响。近年来，越来越多的人开始致力于研发环境友好型生物农药种衣剂[118]，环境友好型生物农药种衣剂不仅可以在种子萌发时给予一定保障，防止地下害虫危害种子，而且能在苗期促进植物的生长发育，还可减少生产中化肥和农药的使用量，为绿色可持续农业的发展提供保证。

已有研究表明，单独使用氨基寡糖素对很多植物的生长发育可以起到一定的促进作用[119]，但其对主要粮食作物小麦及玉米是否具有促生长作用目前还不清楚。

围绕以上两个问题，本试验选取小麦和玉米为试验材料，通过用不同浓度的氨基寡糖素对小麦和玉米种子进行处理，然后对其多种生物学指标进行测定，旨在探究氨基寡糖素对小麦和玉米的促生长作用及氨基寡糖素的最佳使用浓度范围，以期为氨基寡糖素类生物农药种衣剂的研制与应用提供参考。

1.3.2 主要研究内容

①采用 0.01 μg/mL、0.1 μg/mL、1 μg/mL、10 μg/mL、100 μg/mL、1 000 μg/mL、10 000 μg/mL 的氨基寡糖素对小麦和玉米种子进行浸泡处理，并进一步测定其发芽率、胚芽鞘长度、株高、根长、地上部及地下部干重和鲜重等指标，初步确定使用浓度范围。

②以小麦和玉米为材料开展室内盆栽试验，进一步细化氨基寡糖素的浓度梯度后对小麦和玉米种子进行处理，进而测定不同条件下小麦和玉米生理性状之间的差异，进一步探究氨基寡糖素对室内小麦和玉米生长的影响。

③通过大田试验，测定小麦和玉米叶片内代谢产物丙二醛（MDA）含量，以及CAT、POD、PPO、SOD活性的变化，用以综合反映不同浓度的氨基寡糖素处理对于3个冬小麦品种和3个夏玉米品种生长的影响，初步探究了氨基寡糖素对小麦和玉米的促生长机理。

第2章　氨基寡糖素对小麦及玉米苗期生长的影响

本研究选取小麦及玉米为试验材料，用不同浓度的氨基寡糖素对小麦及玉米进行浸种处理，然后对小麦及玉米的多种生物学指标进行测定，旨在得出氨基寡糖素最佳使用浓度，为进一步探究其作用机理提供依据。

2.1　氨基寡糖素对小麦苗期生长的影响

2.1.1　试验材料与仪器

小麦品种：选用由河南科技学院小麦育种中心提供的百农4199。

试验药品及仪器：98%氨基寡糖素（中国海洋大学提供）、MP120-2型电子天平（上海精科天平）、电热鼓风干燥箱（郑州生元仪器有限公司）、DPH-600型电热恒温培养箱（北京市永光明医疗仪器厂）、直尺、培养皿等。

2.1.2　试验方法

2.1.2.1　小麦的培养皿处理

试验以培养皿栽培的方式进行，用氨基寡糖素对小麦种子进行6 h的浸泡处理，氨基寡糖素浓度设置为0 μg/mL、0.01 μg/mL、0.1 μg/mL、1 μg/mL、10 μg/mL、100 μg/mL、1 000 μg/mL、10 000 μg/mL，分别为处理CK、T1、T2、T3、T4、T5、T6、T7，共8个浓度梯度；每个处理均设3次重复，试验设计见表2-1。

试验所用培养皿每皿铺两层滤纸，加水至滤纸完全湿润，将拌种晾干后的种子分别种植于培养皿中，每皿种植 10 粒颗粒饱满的种子，之后放置于 25℃恒温培养箱中，24 h 后取出，放置于室内，期间注意浇水与观察，并做好记录。

表 2-1　试验设计

处理	氨基寡糖素浓度/（μg/mL）
CK	0
T1	0.01
T2	0.1
T3	1
T4	10
T5	100
T6	1 000
T7	10 000

2.1.2.2　小麦发芽率的测定

发芽期间逐日记录发芽粒数，计算发芽率：

$$发芽率=\frac{正常种子发芽数}{供试种子总数}\times 100\%$$

2.1.2.3　小麦胚芽鞘长度的测定

待到胚芽鞘中包着子叶，或子叶延伸到胚芽鞘顶端、刚从胚芽中伸出的时期，每个处理随机选定 3 株长势基本一致的小麦，用直尺测定其胚芽鞘长度，取平均值。

2.1.2.4　小麦根长的测定

小麦发芽一周后，每皿随机取出 3 株长势基本一致的小麦，用直尺测量根的长度，取平均值。

2.1.2.5　小麦株高的测定

小麦发芽后，逐日按时对各处理所有发芽植株高度进行测量，取平均值，即为该处理的小麦株高。

2.1.2.6　小麦地上部与地下部干重及鲜重的测定

每处理随机选取3株长势基本一致的小麦，将地上部与地下部分开，然后称量。

鲜重：采用称量法，电子分析天平精确度为0.001 g。

干重：将称取过鲜重的部分用剪裁一致的报纸包裹，做好标记，在65℃电热鼓风干燥箱中烘5 h后称量。

2.1.3　数据处理

采用SPSS17.0对试验数据进行单因素变量分析，并采用Excel 2010软件进行处理。

2.1.4　试验结果

2.1.4.1　不同处理对小麦发芽率的影响

试验测定了不同处理对小麦发芽率的影响，具体见表2-2。

表2-2　不同处理对小麦发芽率的影响

处理	发芽率/%
CK	96.67a
T1	93.33a
T2	96.67a
T3	96.67a
T4	90.00a
T5	100.00a
T6	93.33a
T7	93.33a

注：表中数据为三次重复处理的平均值；同列数据之间不同的小写字母表示处理间差异显著（$P<0.05$）。

由表2-2中的数据可以看出，使用氨基寡糖素处理小麦种子，对发芽率的影响整体差异性不显著，其中T2、T3处理对小麦的发芽率几乎没有影响；T1、T4、T6、T7四个处理与对照组相比对小麦的发芽率有一定的抑制作用；T5处理的小麦种子具有最高的发芽率，即用浓度为100 μg/mL的氨基寡糖素溶液对小麦种子进行浸种处理，效果最好。

2.1.4.2　不同处理对小麦株高的影响

对处理组的小麦株高进行了连续7 d的测定，小麦株高统计见图2-1。

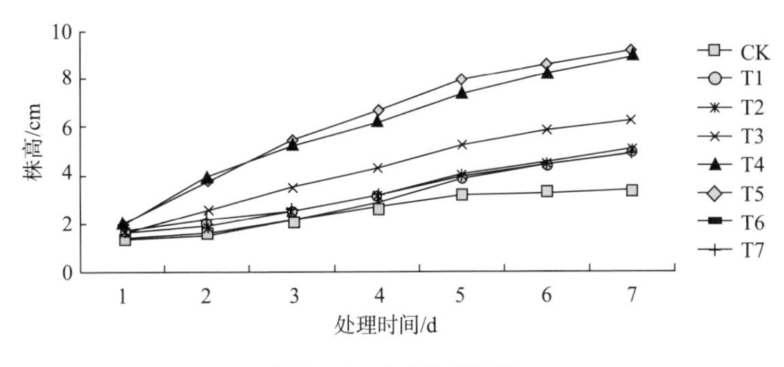

图2-1　小麦株高统计

由图2-1可知，T1～T7处理的小麦株高均高于CK。其中，T1、T2、T7处理的小麦株高比CK稍高，差异性不是很显著；而T3处理的小麦株高与CK相比更为显著，整体高于T1、T2、T7、CK四个处理组。从整体来看，T4、T5处理对小麦株高的影响显著，其中又以T5处理最好。从图中每条线的斜率，即小麦株高增长的速度来看，CK从第五天开始，增长趋势逐渐趋于平缓，株高的增长速度降低。而使用氨基寡糖素溶液进行浸种的几个处理组，在第五天之后仍然保持着较高的增长速度，且具有明显的持续增长的趋势，其中T5处理组增长趋势最为显著，即用浓度为100 μg/mL的氨基寡糖素溶液对小麦种子进行浸种处理为最佳，在第七天时仍然保持着很强的增长趋势。

2.1.4.3　不同处理对小麦胚芽鞘长度的影响

不同处理对小麦胚芽鞘长度的影响见表 2-3。

表 2-3　不同处理对小麦胚芽鞘长度的影响

处理	胚芽鞘长度/cm
CK	1.80a
T1	1.83a
T2	1.77a
T3	1.62a
T4	2.18b
T5	2.18b
T6	1.87a
T7	1.83a

注：表中数据为三次重复处理的平均值；同列数据之间不同的小写字母表示处理间差异显著（$P<0.05$）。

由表 2-3 可知，在使用不同浓度的氨基寡糖素处理后，T2、T3 处理的胚芽鞘长度低于 CK，但差异性不显著；T1、T4、T5、T6、T7 处理胚芽鞘长度较 CK 处理长，其中 T4、T5 处理胚芽鞘长度较长，差异较为显著，即用浓度为 10 μg/mL 和 100 μg/mL 的氨基寡糖素溶液处理小麦种子，对小麦胚芽鞘长度的影响较为显著，效果较好。

2.1.4.4　不同处理对小麦根长的影响

不同处理对小麦根长的影响见表 2-4。

表 2-4　不同处理对小麦根长的影响

处理	根长/cm
CK	2.46a
T1	3.20a

（续）

处理	根长/cm
T2	3.37a
T3	4.33ab
T4	7.23b
T5	7.26b
T6	4.12ab
T7	3.69a

注：表中数据为三次重复处理的平均值；同列数据之间不同的小写字母表示处理间差异显著（$P<0.05$）。

由表 2-4 可知，使用不同浓度的氨基寡糖素处理后，T1～T7 处理根长均高于 CK，且根长的趋势随处理浓度的增加整体表现为先上升后下降。其中 T1、T2、T7 处理的根长较 CK 不显著，T3～T6 处理根长与 CK 相比差异较为显著，其中又以 T5 处理差异最为显著，根长最长，即用 100 μg/mL 的氨基寡糖素溶液处理小麦种子，对根系生长的促进作用最为明显，效果最好。只有根系发达，小麦植株才能更好地从土壤中汲取营养物质。

2.1.4.5　不同处理对小麦生物量的影响

不同处理对小麦生物量的影响见表 2-5。

表 2-5　不同处理对小麦生物量的影响

单位：g

处理	平均单株鲜重	平均单株地上部鲜重	平均单株根鲜重	平均单株干重	平均单株地上部干重	平均单株根干重
CK	0.070a	0.043a	0.027a	0.038a	0.021a	0.017ab
T1	0.121ab	0.076ab	0.045a	0.046ab	0.024ab	0.021ab
T2	0.115ab	0.078ab	0.037a	0.044a	0.030abc	0.014a

（续）

处理	平均单株鲜重	平均单株地上部鲜重	平均单株根鲜重	平均单株干重	平均单株地上部干重	平均单株根干重
T3	0.148b	0.095bc	0.053a	0.060bc	0.034bcd	0.026b
T4	0.215c	0.124cd	0.091b	0.063c	0.037cd	0.026b
T5	0.222c	0.133d	0.089b	0.066c	0.040d	0.026b
T6	0.119ab	0.080b	0.038a	0.042a	0.027abc	0.014a
T7	0.113ab	0.077ab	0.036a	0.041a	0.028abc	0.013a

注：表中数据为三次重复处理的平均值；同列数据之间不同的小写字母表示处理间差异显著（$P<0.05$）。

由表 2-5 可知，随着氨基寡糖素处理浓度的增加，T1～T7 处理平均单株鲜重、平均单株地上部鲜重、平均单株根鲜重、平均单株干重、平均单株地上部干重、平均单株根干重、指标整体趋势均为先上升后下降，其中以 T4、T5 处理差异性较为显著，鲜重、干重等指标较高，且 T5 处理（即用浓度为 100 μg/mL 的氨基寡糖素对小麦进行浸泡处理）效果最好，平均单株鲜重、平均单株干重对比其他处理均是最高值，但平均单株根干重却表现为 T3、T4、T5 三个处理较高，且 T2 处理低于 CK。

2.2 氨基寡糖素对玉米苗期生长的影响

2.2.1 试验材料与仪器

玉米品种：选用由河南省农业科学院提供的郑单 958。

试验药品及仪器：98% 氨基寡糖素（中国海洋大学提供）、MP120-2 型电子天平（上海精科天平）、电热鼓风干燥箱（郑州生元仪器有限公司）、DPH-600 型电热恒温培养箱（北京市永光明医疗仪器厂）、直尺、培养皿等。

2.2.2　试验方法

2.2.2.1　玉米的培养皿处理

试验以培养皿栽培的方式进行，处理用氨基寡糖素对玉米种子进行 6 h 的浸泡处理，氨基寡糖素浓度设置为 0 μg/mL、0.01 μg/mL、0.1 μg/mL、1 μg/mL、10 μg/mL、100 μg/mL、1 000 μg/mL、10 000 μg/mL，分别为处理 CK、T1、T2、T3、T4、T5、T6、T7，共 8 个浓度梯度；每个处理均设 3 次重复，试验设计见表 2-6。试验所用培养皿每皿铺两层滤纸，加水至滤纸完全润湿，将浸种晾干后的种子分别种植于培养皿中，每皿种植 10 粒颗粒饱满的种子，之后将其放置于 25℃ 恒温培养箱中，24 h 后取出，放置于室内，期间注意浇水与观察记录。

表 2-6　试验设计

处理	氨基寡糖素浓度/（μg/mL）
CK	0
T1	0.01
T2	0.1
T3	1
T4	10
T5	100
T6	1 000
T7	10 000

2.2.2.2　玉米根长的测定

玉米发芽一周后，每皿随机取出 3 株长势基本一致的玉米植株，用直尺测量根的长度，取平均值。

2.2.2.3 玉米株高的测定

玉米发芽后，逐日按时对各处理所有发芽植株高度进行测量，取平均值，即为该处理的株高。

2.2.2.4 玉米地上部与地下部干重及鲜重的测定

每处理随机选取3株长势基本一致的植株，将地上部与地下部分开，然后称量。

鲜重：采用称量法，电子分析天平精确度为0.001g。

干重：将称取过鲜重的部分用剪裁一致的报纸包裹，做好标记，在65℃电热鼓风干燥箱中烘5h后称量。

2.2.3 数据处理

采用SPSS17.0对试验数据进行单因素变量分析，并采用Excel 2010软件进行处理。

2.2.4 试验结果

2.2.4.1 不同处理对玉米株高的影响

试验对处理组的玉米株高进行了连续7d的测定，玉米株高统计见图2-2。

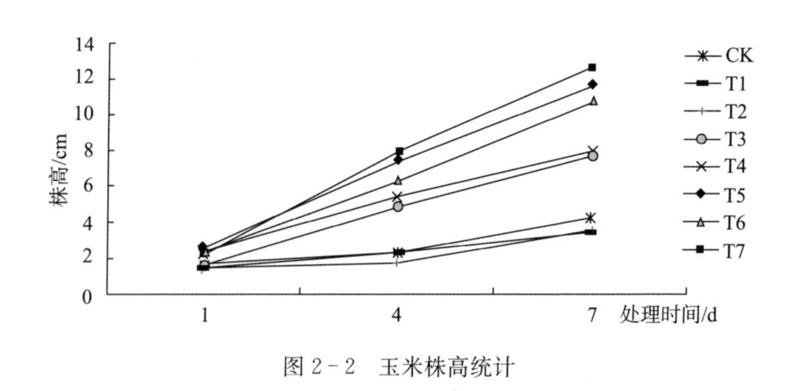

图2-2 玉米株高统计

由图2-2可知，T3～T7处理的株高均高于CK组，且随着处理浓度增加整体表现为连续上升的趋势。其中 T7 处理组增长趋势最为显著，即用浓度为 10 000 μg/mL 的氨基寡糖素溶液对玉米种子进行浸种处理为最佳，在第七天时玉米仍然保持着很高的增长趋势。

2.2.4.2　不同处理对玉米根长的影响

不同处理对玉米根长的影响见表 2-7。

表 2-7　不同处理对玉米根长的影响

处理	根长/cm
CK	7.09a
T1	16.78b
T2	18.07b
T3	17.41b
T4	10.39a
T5	25.03c
T6	16.44b
T7	17.04b

注：表中数据为三次重复处理的平均值；同列数据之间不同的小写字母表示处理间差异显著（$P<0.05$）。

由表 2-7 可知，随着氨基寡糖素处理浓度的增加，T1～T7 处理根长均高于 CK 组，且根长的趋势整体表现为先上升后下降。其中 T4 处理的根长较 CK 组不显著，T1～T3、T5～T7 处理根长比 CK 组差异显著，其中又以 T5 处理差异最为显著，根长最长，即用 100 μg/mL 的氨基寡糖素溶液处理玉米种子，对根系生长的促进作用最为明显，效果最好，因为只有根系发达，玉米植株才能更好地从土壤中汲取营养物质。

2.2.4.3　不同处理对玉米生物量的影响

不同处理对玉米生物量的影响见表 2-8。

表 2-8　不同处理对玉米生物量的影响

单位：g

处理	平均单株地上部鲜重	平均单株根鲜重	平均单株地上部干重	平均单株根干重
CK	0.312a	0.329a	0.095ab	0.077a
T1	0.600bc	0.693bcd	0.065a	0.121bcd
T2	0.645bc	0.684bcd	0.099b	0.143cd
T3	0.627bc	0.737bcd	0.088ab	0.134bcd
T4	0.484b	0.497ab	0.081ab	0.109abc
T5	0.696c	0.931d	0.108b	0.153d
T6	0.595bc	0.672bc	0.108b	0.112abc
T7	0.591bc	0.758cd	0.149c	0.100ab

注：表中数据为三次重复处理的平均值；同列数据之间不同的小写字母表示处理间差异显著（$P<0.05$）。

由表 2-8 可知，随着氨基寡糖素处理浓度的增加，T1～T7 处理平均单株地上部鲜重、平均单株根鲜重、平均单株根干重指标整体趋势均为先上升后下降，平均单株地上部干重呈现持续上升的趋势；其中又以 T5 处理差异性较为显著，平均单株根鲜重、平均单株根干重等指标较高，即用浓度为 100 μg/mL 的氨基寡糖素对玉米进行浸泡处理效果最好，平均单株根鲜重、平均单株根干重对比其他处理均是最高值，但平均单株地上部干重却表现为 T7 处理最高，且 T1 处理低于 CK。

2.3　本章小结

氨基寡糖素作为一种新型生物农药，不仅可以诱导植物的抗病性，防治多种植物真菌病害和病毒病，还可以作为植物生长调节剂、活性信号分子促进植物的生长[114]。为了探究氨基寡糖素对小麦及玉米生长的影响，本研究采用室内培养皿法进行试验，得到如下结论：

①使用氨基寡糖素溶液对小麦种子进行浸泡处理，对小麦种子的萌发率没有显著影响。

②使用氨基寡糖素溶液对小麦种子进行浸泡处理，溶液浓度为10 μg/mL、100 μg/mL，对小麦的株高、胚芽鞘生长、根系发育、生物量积累均具有良好的促进作用。

③使用氨基寡糖素溶液对玉米种子进行浸泡处理，溶液浓度为1 μg/mL、10 μg/mL、100 μg/mL、1 000 μg/mL、10 000 μg/mL，对玉米的株高、根系发育、生物量积累均具有良好的促进作用。

第 3 章　氨基寡糖素对室内小麦及玉米生长的影响

小麦和玉米是世界主要的粮食作物，全世界约有 35%的人口以小麦产品为主食[120-122]。我国是全球最大的小麦生产国和消费国，小麦种植分布地域广泛，遍及全国各地，南起海南岛，北止漠河，西起新疆，东至海滨及台湾，我国小麦种植面积常年稳定在 2 400 hm^2公顷左右，约占粮食作物总面积的 1/4[123-125]。我国也是玉米主要生产国之一，具有较大的玉米种植面积。

近些年来，化学农药的使用、作物抗药性的增加、环境污染、人畜安全等问题都在困扰着我们。与此同时，随着人口的持续增长和人民生活水平的稳步提升，人们越来越想要食用更加营养、更加安全的粮食，这就要求我们必须改进作物病虫害的防治方法和防治药剂，提高粮食作物的品质和产量[126]。

氨基寡糖素是一种新型生物农药，高效无毒，易降解。目前，对氨基寡糖素的应用大多是通过叶面喷施的方式，并且大多数施用的都是氨基寡糖素水剂，施用的其他剂型相对较少，同时也有少数是浸种使用。本研究通过室内盆栽试验初步证实了氨基寡糖素对小麦和玉米植株的生长具有促进作用，为进一步明确氨基寡糖素对小麦和玉米生长的促进作用、掌握适当的施用浓度和施用技术提供数据支撑，试图揭示氨基寡糖素促进生长作用的机制，进而为后期氨基寡糖素在小麦和玉米上的应用奠定基础。

3.1　氨基寡糖素对室内小麦生长的影响

3.1.1　试验材料与仪器

3.1.1.1　试验材料

小麦品种及来源见表 3-1。

表3-1　小麦品种及来源

品种代号	品种名称	材料来源
一号品种	百农4199	河南科技学院小麦育种中心
二号品种	百农207	河南科技学院小麦遗传改良研究中心
三号品种	郑育11	河南省农业科学院

3.1.1.2　主要试剂与药剂

98%氨基寡糖素（由中国海洋大学提供）。

3.1.1.3　主要仪器和设备

主要仪器和设备见表3-2。

表3-2　主要仪器和设备

仪器设备	厂家
高压蒸汽灭菌锅（LDZX-50FBS）	上海申安医疗器械
电子天平（FA1004B）	上海佐科仪器仪表有限公司
电热鼓风干燥箱（DGH-2200B）	郑州生元仪器有限公司
全自动雪花制冰机（IMS-250）	常熟市雪科电器有限公司
立式冷藏柜（SC-300）	青岛海尔特种电冰柜有限公司
冷冻冰箱（BC/BD-418DTH）	合肥美菱股份有限公司

3.1.2　试验方法

3.1.2.1　种子处理

用不同浓度的氨基寡糖素溶液对小麦种子进行浸种处理，浸种时间为6h。氨基寡糖素浓度共设置6个梯度，即25μg/mL、50μg/mL、100μg/mL、200μg/mL、400μg/mL、800μg/mL，以清水浸种为对照，即CK处理，浸种完成后，等待晾干。待晾干完成后，将小麦种子种植到花盆中，均匀播种，每个花盆（花盆规格为上口径25cm，下口径17cm，高19cm，带托盘）中种植100粒小麦种子，

3 个品种，共 21 盆。

3.1.2.2 小麦株高和根长的测定

盆栽试验在新乡河南科技学院资源与环境学院进行。每个花盆中装入 5 kg 土壤（营养土壤与田间土壤按 1∶1 的比例混合）。用一系列浓度的氨基寡糖素处理小麦种子，之后种在花盆的土壤中。小麦播种 5 周后，从每个花盆中随机选择 3 株生长相似的小麦植株，用直尺测量其根长，以及各处理发芽株株高和根长，并取其平均值。

3.1.2.3 小麦地上部分和地下部分的鲜重和干重的测定

每个处理随机选择 3 个品种的小麦植株进行生长相似处理。对小麦的地上部和地下部分别进行分离和称重。同时，将上述样品在 65℃的电热鼓风干燥箱（DGH-2200B，郑州生元仪器有限公司）中干燥 10 h，称取干重。

3.1.2.4 MDA 的提取与测定

MDA 的提取与测定参考李小方主编的《植物生理学试验指导》[127]，采用 10％的三氯乙酸溶液对小麦叶片中的 MDA 进行提取，然后用硫代巴比妥酸反应法测定 MDA 含量，并在原基础上略有改动。将冰盒中的离心管依次取出，用移液枪分别取 0.5 mL 酶液和 0.5 mL 的反应液（把反应液从 4℃冰箱中取出，25℃水浴 15 min后待用），加入最新标记的 2 mL 离心管中，将混合液摇匀，用移液枪移取 0.2 mL 混合液于酶标板孔内，技术平行重复三次。设置待测样品的时间间隔 60 s，重复 3 次。

根据植物组织的质量计算测定样品中 MDA 的含量：

$$\text{MDA 浓度}=6.45\times(A_{532}-A_{600})-0.56\times A_{450}$$

$$\text{MDA 含量}(\mu\text{mol/g})=\frac{\text{MDA 浓度}(\mu\text{mol/L})\times\text{提取液体积}(\text{mL})}{\text{植物组织鲜重}(\text{g})}$$

3.1.2.5 酶液的提取

将自封袋中的离心管从液氮盒中取出，将研磨仪参数（65 Hz，1 min）设置好以后，将研磨仪适配器放入液氮中浸没 10 s，将离心管用镊子迅速转移至组织研磨仪的转盘中。研磨好以后每个离心管中均加入 1 mL 提取液（SOD 的缓冲液），此过程在冰盒上进行。之后将离心管依次放入冷冻离心机（离心机参数：8 000×g，20 min，4℃）中离心，提前将离心机温度设置为 4℃预冷。离心之后取上清液，即得到酶液，将该酶液依次加入 1.5 mL 灭过菌的离心管中，将该离心管依次放到冰盒中，待测酶活。

3.1.2.6　多酚氧化酶（PPO）活性测定

PPO 的提取与活性测定参考高俊山主编的《植物生理学试验指导》[128]，并稍有改动。将冰盒中的离心管依次取出，用移液枪分别取 0.25 mL 酶液和 1.75 mL 的反应液（把反应液从 4℃冰箱中取出，25℃水浴 5 min 后待用），加入最新标记的 2 mL 离心管中，将离心管上下颠倒一次，将混合液摇匀，用移液枪移取 0.2 mL 混合液加入酶标板孔中，平行重复三次。设置待测样品的波长为 410 nm，时间间隔 60 s，重复 3 次。

酶活性计算：以每分钟吸光度值变化（升高）0.01 为 1 个酶活性单位（U）。

$$\text{PPO 活性}\ [\mathrm{U/(g\cdot min)}] = \frac{\Delta A_{410}\times V_t}{W\times V_s\times 0.01\times t}$$

式中，ΔA_{410} 为反应时间内吸光度的变化；W 为样品鲜重（g）；t 为反应时间（min）；V_t 为提取酶液总体积（mL）；V_s 为测定时取用酶液体积（mL）。

3.1.2.7　SOD 活性测定

SOD 活性测定采用氮蓝四唑（NBT）光还原法，参考李小方主编的《植物生理学试验指导》[127]，并略有改动。将冰盒中的离心管依次取出，用移液枪分别取 0.015 mL 酶液和 1.5 mL 的反应液（把反应液从 4℃冰箱中取出，25℃水浴 5 min 后待用）加入最新标记的 2 mL 离心管中，将离心管上下颠倒一次后，迅速转移至培养箱中，4 000 lux 光照条件下静置 20 min。用移液枪移取 0.2 mL 混合液加入酶标板孔内，平行重复三次。设置待测样品的波长为560 nm，时间间隔60 s，重复3次。

酶活性计算：以抑制NBT光化还原50%所需酶量（待测的样品量要在最大管的一半左右才合适，否则要调整酶量）为1个酶活单位（U）。

$$\text{SOD总活性（U/g，FW）}=\frac{(A_{CK}-A_E)\times V}{1/2A_{CK}\times W\times V_t}$$

式中，A_{CK}为照光对照管的吸光度；A_E为样品管的吸光度；V为样品总体积（即加入PBS的体积，mL）；V_t为测定时的酶液使用体积（mL）；W为样品鲜重（g）。

3.1.2.8 POD活性测定

POD活性测定采用愈创木酚法，参考高俊山主编的《植物生理学试验指导》[128]，并略有改动。将冰盒中的离心管依次取出，用移液枪分别取0.015 mL酶液和1.5 mL的反应液（把反应液从4℃冰箱中取出，25℃水浴5 min后待用），加入最新标记的2 mL离心管中，将离心管上下颠倒一次，用移液枪从每个离心管中分别取0.6 mL混合液于酶标板中，设置待测样品的波长为470 nm，时间间隔60 s，重复3次。

酶活性计算：以每分钟吸光度值变化（升高）0.01为1个酶活性单位（U）。

$$\text{POD活性［U/（g·min）］}=\frac{\Delta A_{470}\times V_t}{W\times V_s\times 0.01\times t}$$

式中：ΔA_{470}为反应时间内吸光度的变化；W为样品鲜重（g）；t为反应时间（min）；V_t为提取酶液总体积（mL）；V_s为测定时取用酶液体积（mL）。

3.1.2.9 CAT活性的测定

CAT活性测定采用紫外吸收法，参考高俊山主编的《植物生理学试验指导》[128]，并稍有改动。将冰盒中的离心管依次取出，用移液枪分别取0.05 mL酶液和1.5 mL的反应液（反应液从4℃

冰箱中取出，25℃水浴5 min后待用），加入最新标记的2 mL离心管中，将离心管上下颠倒一次，将混合液摇匀，用移液枪移取0.2 mL混合液于酶标板孔中，平行重复三次。设置待测样品的波长为240 nm，时间间隔60 s，重复3次。

酶活性计算：以每分钟吸光度值减少0.01为1个酶活性单位（U）。

$$\text{CAT 活性}\ [\text{U}/(\text{g}\cdot\text{min})] = \frac{\Delta A_{240} \times V_t}{W \times V_s \times 0.01 \times t}$$

式中：ΔA_{240}为反应时间内吸光度的变化；W为样品鲜重（g）；t为反应时间（min）；V_t为提取酶液总体积（mL）；V_s为测定时取用酶液体积（mL）。

3.1.3　数据处理

采用SPSS17.0软件单因素分析法对小麦生理性状指标数据进行分析，采用Microsoft Office 2010软件对所有试验数据进行统计整理并作图。

3.1.4　试验结果

3.1.4.1　小麦的生物学特征

小麦的株高、根长、植株重（地上部分和地下部分）等生物学特征是评价作物健壮性的重要指标。不同处理对小麦生物学特征的影响见表3-3。

表3-3　不同处理对小麦生物学特征的影响

浓度/(μg/mL)	品种	株高/cm	根长/cm	单株地上部		单株地下部	
				鲜重/g	干重/g	鲜重/g	干重/g
0	百农4199	23.7±2.0a	4.5±0.7a	0.413±0.105a	0.061±0.015a	0.007±0.002a	0.003±0.001a
	百农207	27.2±0.7a	6.8±1.9a	0.716±0.077a	0.146±0.018a	0.010±0.002a	0.007±0.001a
	郑育11	24.2±0.9a	6.2±1.2a	0.464±0.041a	0.065±0.005a	0.009±0.001a	0.005±0.001a

（续）

浓度/(μg/mL)	品种	株高/cm	根长/cm	单株地上部		单株地下部	
				鲜重/g	干重/g	鲜重/g	干重/g
25	百农4199	26.9±0.4ab	10.4±1.8b	0.622±0.080ab	0.088±0.012ab	0.014±0.003b	0.007±0.001b
	百农207	26.7±0.6a	5.3±1.1a	0.860±0.227a	0.170±0.045a	0.007±0.001a	0.005±0.001a
	郑育11	24.2±1.6a	9.6±1.1b	0.404±0.061a	0.065±0.009a	0.025±0.003c	0.012±0.001c
50	百农4199	27.0±0.7ab	11.1±2.5b	0.690±0.075ab	0.103±0.013ab	0.017±0.001b	0.009±0.001b
	百农207	28.1±2.1a	7.5±1.1a	0.863±0.263a	0.174±0.053a	0.048±0.035a	0.009±0.002a
	郑育11	27.1±0.8a	9.8±0.6b	0.750±0.051b	0.104±0.008b	0.018±0.001bc	0.009±0.001bc
100	百农4199	29.7±0.6b	9.6±1.3b	0.700±0.094ab	0.095±0.012ab	0.016±0.001b	0.008±0.001b
	百农207	30.4±2.0a	6.3±0.8a	0.738±0.207a	0.219±0.045a	0.013±0.000a	0.007±0.001a
	郑育11	26.8±1.0a	9.8±1.4b	0.620±0.032ab	0.091±0.003ab	0.015±0.002ab	0.008±0.001ab
200	百农4199	26.7±1.3ab	8.4±0.1ab	0.738±0.130b	0.110±0.020b	0.012±0.001ab	0.007±0.001b
	百农207	29.2±1.6a	6.9±1.5a	1.047±0.171a	0.207±0.034a	0.012±0.006a	0.012±0.004a
	郑育11	24.3±0.6a	7.8±1.0ab	0.554±0.057ab	0.073±0.011a	0.011±0.003ab	0.005±0.001a
400	百农4199	28.4±1.7b	12.6±0.9b	0.674±0.052ab	0.104±0.011ab	0.023±0.003c	0.013±0.002c
	百农207	26.9±0.3a	7.4±1.5a	0.756±0.132a	0.146±0.026a	0.016±0.002a	0.009±0.004a
	郑育11	24.8±1.5a	9.3±0.7ab	0.544±0.060ab	0.075±0.006a	0.019±0.001bc	0.009±0.001bc
800	百农4199	27.9±0.6b	9.4±0.7b	0.745±0.069b	0.101±0.014ab	0.015±0.001b	0.007±0.001b
	百农207	26.8±2.1a	9.6±0.4a	0.152±0.126a	0.015±0.028a	0.015±0.002a	0.009±0.001a
	郑育11	27.12±2.3a	10.0±0.9b	0.576±0.124ab	0.075±0.015a	0.019±0.005bc	0.007±0.002ab

注：表中数据为三次重复处理的平均值；同列数据之间不同的小写字母表示处理间差异显著（$P<0.05$）。

（1）株高

株高是衡量小麦品质的重要指标。使用浓度分别为100 μg/mL、400 μg/mL和800 μg/mL的氨基寡糖素处理的百农4199的株高表现出了较大的增长，且与对照相比差异显著。品种百农207和郑育11在使用一系列浓度的氨基寡糖素处理后，没有表现出对株高明显的促进作用。

（2）根长

根系也是衡量植物强壮与否的重要指标。经一定浓度的氨基寡糖素处理，百农4199和郑育11两个小麦品种的根长整体表现出了一定程度的增长。其中，百农4199使用浓度为25 μg/mL、50 μg/mL、100 μg/mL、400 μg/mL和800 μg/mL的氨基寡糖素处理后，与对照相比根长显著增加；同样的，郑育11使用浓度为20 μg/mL、50 μg/mL、100 μg/mL和800 μg/mL的氨基寡糖素处理后，与对照相比也表现出了明显的差异。而百农207经一系列浓度的氨基寡糖素处理后，与对照之间没有表现出明显的差异。

（3）单株重

百农4199和郑育11经一系列浓度的氨基寡糖素处理后，植株地下部的干重和鲜重与对照相比显著增加。然而，百农207经一系列浓度的氨基寡糖素处理后，地下部的干重和鲜重与对照相比没有明显的差异。

百农4199经浓度为200 μg/mL和800 μg/mL的氨基寡糖素处理后，植株地上部的干重和鲜重显著增加。郑育11经浓度为50 μg/mL、100 μg/mL、200 μg/mL、400 μg/mL和800 μg/mL的氨基寡糖素处理后其地上部的鲜重和干重也显著增加。但百农207经一系列浓度的氨基寡糖素处理后，与对照相比无显著差异。

3.1.4.2　丙二醛含量

不同浓度氨基寡糖素对小麦叶片丙二醛含量的影响见图3-1。

MDA含量是膜脂过氧化产物的重要产物之一，可间接测定膜系统受损伤度及植物的抗逆性。在本研究中，3个品种小麦经一系列浓度的氨基寡糖素处理后，其MDA含量与对照相比均显著降低。其中，百农4199经浓度为25 μg/mL、50 μg/mL、100 μg/mL、200 μg/mL、400 μg/mL、800 μg/mL的氨基寡糖素处理后，其MDA含量相比于对照分别降低了54％、41％、37％、26％、26％和25％。同时，百农207和郑育11也表现出了类似的结果，经浓度为 25 μg/mL、50 μg/mL、100 μg/mL、200 μg/mL、400 μg/mL、800 μg/mL 的氨基寡糖素处理后，MDA 的含量分别降低了 55%、50%、26%、13%、26%、25% 和 31%、50%、21%、21%、15%、41%。

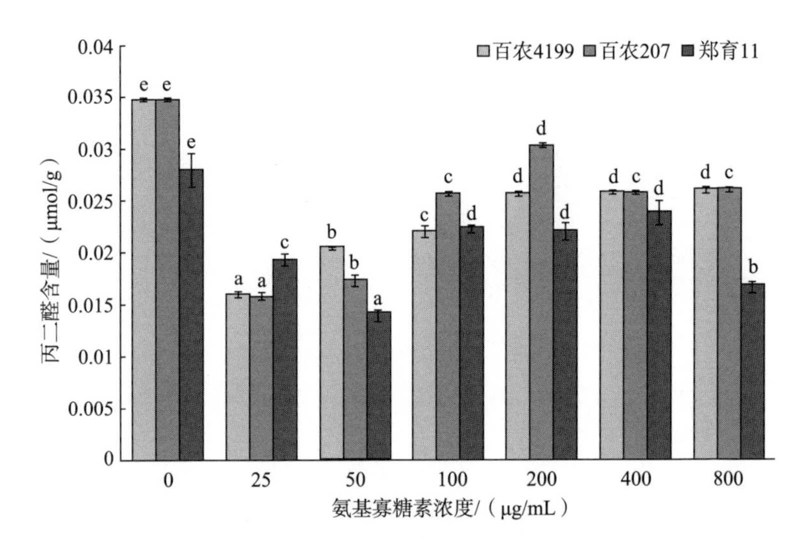

图 3-1　不同浓度氨基寡糖素处理对小麦叶片丙二醛含量的影响

注：表中数据为三次重复处理的平均值；同一品种不同数据之间小写字母不同表示处理间差异显著（$P<0.05$）。

3.1.4.3　酶活性

经氨基寡糖素处理后，小麦的酶活性，特别是保护酶（如 CAT、PPO、SOD、POD 等）的活性发生了变化。

（1）CAT 活性

如图 3-2 所示，百农 4199 经一系列浓度的氨基寡糖素处理后，CAT 活性与对照相比显著增加；经浓度为 25 μg/mL、50 μg/mL、100 μg/mL、200 μg/mL、400 μg/mL、800 μg/mL 的氨基寡糖素处理后，酶的活性与对照相比分别增加了 19%、32%、16%、15%、11%和 3%。

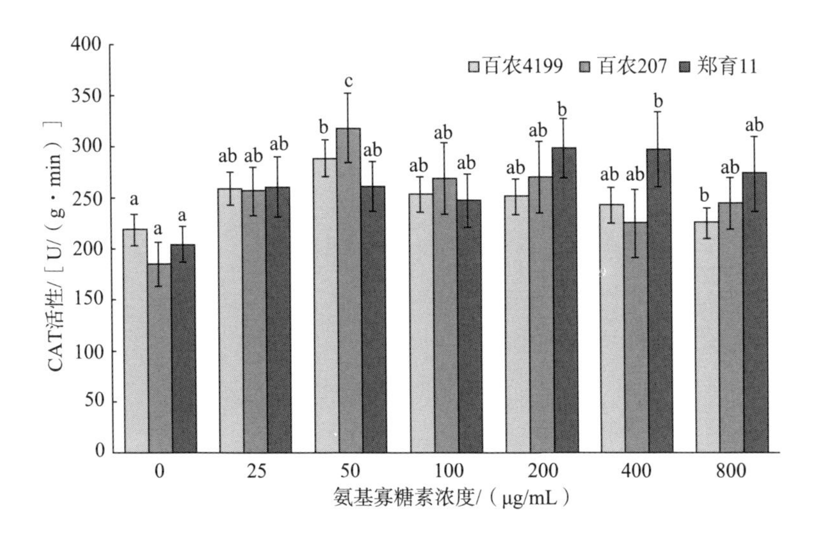

图 3－2　不同浓度氨基寡糖素处理对小麦叶片 CAT 活性的影响

注：表中数据为三次重复处理的平均值；同一品种不同数据之间小写字母不同表示处理间差异显著（$P<0.05$）。

百农 207 和郑育 11 也表现出相似的结果，CAT 活性明显高于对照。百农 207 和郑育 11 经浓度为 25 μg/mL、50 μg/mL、100 μg/mL、200 μg/mL、400 μg/mL、800 μg/mL 的氨基寡糖素处理后，CAT 活性与对照相比分别增加了 38％、72％、45％、46％、21％、32％和 28％、28％、21％、46％、46％、34％。

（2）PPO 活性

3 个品种的小麦经一系列浓度的氨基寡糖素处理后，PPO 活性与对照相比均显著增加。

如图 3－3 所示，百农 4199 经浓度为 25 μg/mL、50 μg/mL、100 μg/mL、200 μg/mL、400 μg/mL、800 μg/mL 的氨基寡糖素处理后，PPO 活性与对照相比分别增加 19％、21％、30％、14％、19％和 22％。百农 207 和郑育 11 也表现出类似的结果。经浓度为 25 μg/mL、50 μg/mL、100 μg/mL、200 μg/mL、400 μg/mL、

800 μg/mL的氨基寡糖素处理后，百农 207 的 PPO 活性与对照相比分别增加了 15%、23%、27%、53%、61%和 11%；郑育 11 的 PPO 活性分别增加了 12%、39%、26%、58%、65%和 22%。

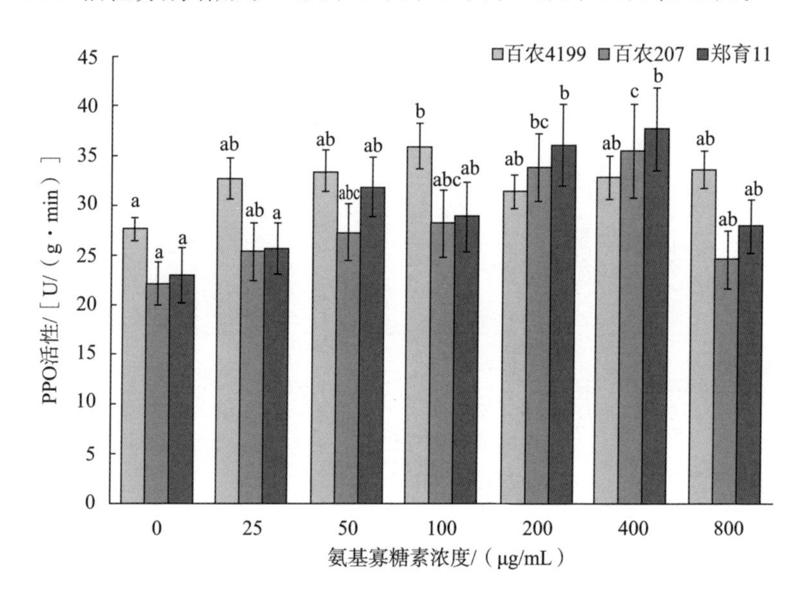

图 3-3　不同浓度氨基寡糖素处理对小麦叶片 PPO 活性的影响

注：表中数据为三次重复处理的平均值；同一品种不同数据之间小写字母不同表示处理间差异显著（$P<0.05$）。

（3）SOD 活性

如图 3-4 所示，百农 4199 经一系列浓度的氨基寡糖素处理后，SOD 活性与对照相比显著增加。经浓度为 25 μg/mL、50 μg/mL、100 μg/mL、200 μg/mL、400 μg/mL、800 μg/mL 的氨基寡糖素处理后，SOD 活性与对照相比分别增加 11%、60%、55%、56%、50%和 89%。

另外两个小麦品种（百农 207 和郑育 11）也有相似的结果表现，经氨基寡糖素处理后，SOD 活性显著增加。经浓度为 25 μg/mL、50 μg/mL、100 μg/mL、200 μg/mL、400 μg/mL、800 μg/mL 的氨

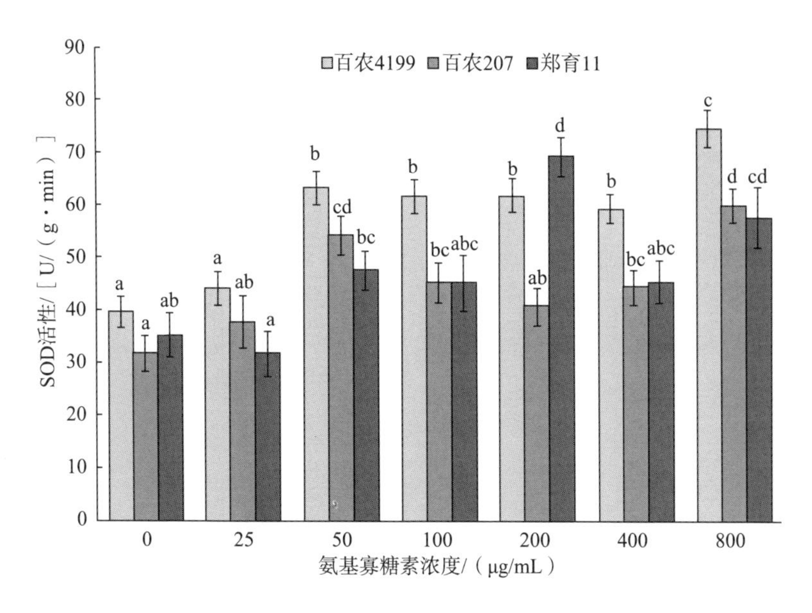

图3-4　不同浓度氨基寡糖素处理对小麦叶片SOD活性的影响

注：表中数据为三次重复处理的平均值；同一品种不同数据之间小写字母不同表示处理间差异显著（$P<0.05$）。

基寡糖素处理后，百农207的SOD活性与对照相比分别增加了15%、23%、27%、53%，61%和11%；郑育11的SOD活性分别增加了36%、29%、98%、30%和65%。

（4）POD活性

如图3-5所示，百农4199经一系列浓度的氨基寡糖素处理后，叶片中POD活性与对照组相比显著增加。与对照组相比，百农4199经浓度为25 μg/mL、50 μg/mL、100 μg/mL、200 μg/mL、400 μg/mL、800 μg/mL的氨基寡糖素处理后，POD活性分别增加了10%、21%、36%、76%、65%和43%。

另外两个小麦品种（百农207和郑育11）也有相似的结果，经氨基寡糖素处理后，叶片中POD活性明显高于对照组。经浓度

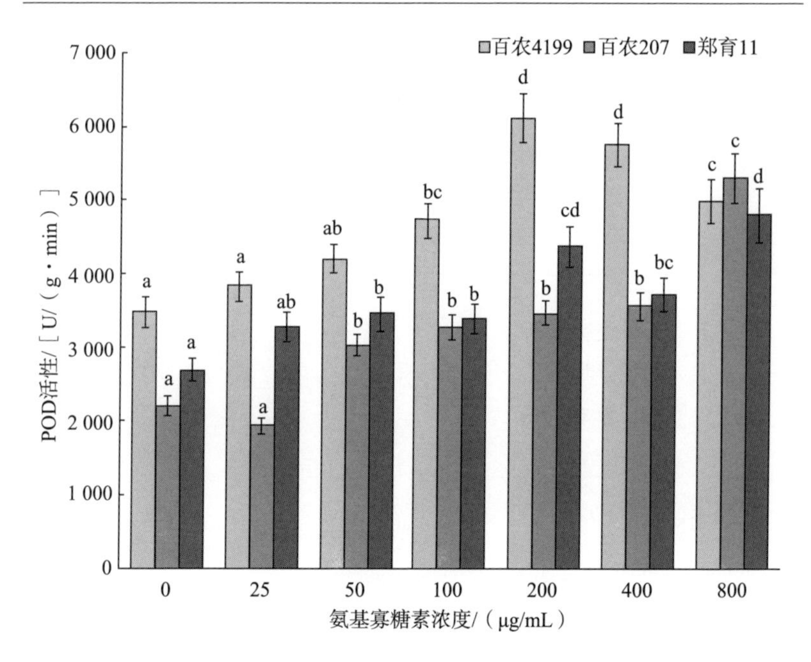

图 3-5　不同浓度氨基寡糖素处理对小麦叶片 POD 活性的影响

注：表中数据为三次重复处理的平均值；同一品种不同数据之间小写字母不同表示处理间差异显著（$P<0.05$）。

为 25 μg/mL、50 μg/mL、100 μg/mL、200 μg/mL、400 μg/mL、800 μg/mL 的氨基寡糖素处理后，百农 207 的 POD 活性与对照相比在浓度为 25 μg/mL 时降低了 12%，但是在其他浓度下均增加，分别增加了 37%、48%、57%、61%和 140%；郑育 11 分别增加了 22%、28%、26%、62%、39%和 79%。

3.2　氨基寡糖素对室内玉米生长的影响

3.2.1　试验材料与仪器

3.2.1.1　试验材料

玉米品种及来源见表 3-4。

表 3-4　玉米品种及来源

品种代号	品种名称	来源
一号品种	百玉 9337	河南科技学院玉米育种中心
二号品种	百玉 5875	河南科技学院玉米育种中心
三号品种	郑单 958	河南省农业科学院

3.2.1.2　主要试剂与药剂

98%氨基寡糖素（由中国海洋大学提供）。

3.2.1.3　主要仪器和设备

主要仪器和设备见表 3-5。

表 3-5　主要仪器和设备

仪器和设备	厂家
高压蒸汽灭菌锅（LDZX-50FBS）	上海申安医疗器械
电子天平（FA1004B）	上海佐科仪器仪表有限公司
电热鼓风干燥箱（DGH-2200B）	郑州生元仪器有限公司
全自动雪花制冰机（IMS-250）	常熟市雪科电器有限公司
立式冷藏柜（SC-300）	青岛海尔特种电冰柜有限公司
冷冻冰箱（BC/BD-418DTH）	合肥美菱股份有限公司

3.2.2　试验方法

3.2.2.1　种子处理

用不同浓度的氨基寡糖素溶液对玉米种子进行浸种处理，浸种时间为 6 h。氨基寡糖素浓度共设置 6 个梯度，即 25 μg/mL、50 μg/mL、100 μg/mL、200 μg/mL、400 μg/mL、800 μg/mL，以清水浸种为对照处理，即 CK 处理，包衣完成后晾干。晾干完成后，将小麦种子种植到花盆中，均匀播种，每个花盆中种植 30 粒种子，3 个品种，共 21 盆。花盆规格为上口径 25 cm，下口径 17 cm，高 19 cm，带托盘。

3.2.2.2 株高和根长的测定

盆栽试验在新乡河南科技学院资源与环境学院进行。每个花盆中装入 5 kg 土壤（营养土壤与田间土壤按 1∶1 的比例混合）。播种 5 周后，从每个花盆中随机选择 3 株生长相似的植株，用直尺测量其根长。播后 5 周后，测定各处理玉米发芽株株高和根长，并取平均值。

3.2.2.3 小麦地上部分和地下部分的鲜重和干重的测定

每个处理随机选择 3 个品种的植株进行生长相似处理。植株的地上部和地下部分别进行了分离和称量。同时，将上述样品在 65℃的电热鼓风干燥箱（DHG-2200B，郑州生元仪表有限公司）中干燥 10 h，称取干重。

3.2.2.4 MDA 的提取与测定

测定方法同 3.1.2.4。

3.2.2.5 酶液的提取与测定

试验方法同 3.1.2.5 至 3.1.2.9。

3.2.3 数据处理

采用 SPSS17.0 软件单因素分析法对小麦生理性状指标数据进行分析，采用 Microsoft Office 2010 软件对所有试验数据进行统计整理并作图。

3.2.4 试验结果

3.2.4.1 玉米的生物学特征

玉米的株高、根长、植株重（地上部和地下部）等生物学特征是评价作物健壮性的重要指标。不同处理对玉米生物学特征的影响见表 3－6。

表3-6　不同处理对玉米生物学特征的影响

浓度/（μg/mL）	品种	株高/cm	根长/cm	单株地上部		单株地下部	
				鲜重/g	干重/g	鲜重/g	干重/g
0	百玉9337	41.8±0.4a	9.9±1.2a	2.227±0.123a	0.199±0.018a	0.447±0.069a	0.039±0.002a
	百玉5875	42.6±3.1a	5.6±1.1a	2.206±0.539a	0.125±0.011a	0.354±0.018a	0.019±0.001a
	郑单958	27.4±2.0a	3.5±0.8a	0.878±0.143a	0.098±0.014a	0.101±0.016a	0.012±0.002a
25	百玉9337	46.2±1.3ab	10.4±0.7a	3.300±0.104bc	0.265±0.044a	0.712±0.129abc	0.047±0.002a
	百玉5875	45.2±4.0a	11.3±0.8b	2.011±0.640a	0.267±0.022d	0.384±0.045a	0.047±0.001c
	郑单958	33.1±3.0ab	4.8±0.8a	1.317±0.236a	0.101±0.016a	0.137±0.025a	0.014±0.003a
50	百玉9337	52.0±2.1c	9.9±0.9a	3.654±0.277c	0.262±0.055a	1.026±0.106cd	0.048±0.002a
	百玉5875	42.2±2.6a	7.6±1.9ab	2.557±0.081a	0.228±0.035cd	0.542±0.053a	0.038±0.002bc
	郑单958	31.4±1.8ab	4.2±0.7a	1.136±0.113a	0.099±0.025a	0.142±0.016ab	0.013±0.002a
100	百玉9337	46.5±2.7b	12.4±1.6a	2.960±0.214b	0.268±0.006a	0.735±0.149abc	0.047±0.007a
	百玉5875	42.3±1.7a	7.1±0.8a	2.522±0.231a	0.206±0.023bcd	0.635±0.045a	0.031±0.001abc
	郑单958	39.1±2.2b	4.6±0.9a	1.810±0.305a	0.105±0.011a	0.270±0.045b	0.016±0.004a
200	百玉9337	47.4±0.9bc	11.1±2.7a	2.884±0.028b	0.279±0.019a	0.495±0.054ab	0.070±0.038a
	百玉5875	41.9±5.0a	8.5±1.6ab	2.047±0.720a	0.180±0.033abc	0.415±0.034a	0.032±0.004abc
	郑单958	31.9±3.3ab	4.5±0.6a	1.354±0.271a	0.109±0.035a	0.178±0.046ab	0.020±0.009a
400	百玉9337	50.4±0.4bc	9.7±0.4a	3.804±0.150c	0.220±0.003a	1.231±0.094d	0.045±0.009a
	百玉5875	47.9±2.5a	8.8±0.3ab	2.457±0.301a	0.226±0.018cd	0.426±0.026a	0.039±0.004bc
	郑单958	32.8±2.8ab	3.9±0.4a	1.289±0.375a	0.077±0.011a	0.174±0.037ab	0.011±0.002a
800	百玉9337	48.0±0.9bc	12.7±1.5a	3.405±0.201bc	0.226±0.009a	0.917±0.266bcd	0.045±0.005a
	百玉5875	43.8±2.1a	7.9±1.5ab	2.419±0.228a	0.140±0.018ab	0.354±0.028a	0.027±0.001ab
	郑单958	32.0±4.3ab	4.9±1.0a	1.321±0.468a	0.107±0.027a	0.160±0.064ab	0.017±0.002a

注：表中数据为三次重复处理的平均值；同一品种同一指标各数据之间小写字母不同表示处理间差异显著（$P<0.05$）。

（1）株高

株高是衡量玉米品质的重要指标。使用不同浓度的氨基寡糖素处理后，氨基寡糖素对品种百玉 9337 的株高表现出了较大的促进作用。用浓度为 50 μg/mL 的氨基寡糖素处理后，与对照相比差异最为显著。此外，品种百玉 5875 和郑单 958 在使用一系列浓度的氨基寡糖素处理后，没有表现出明显的促进作用。

（2）根长

根系是衡量植物强壮与否的重要指标。经过一系列浓度的氨基寡糖素处理，百玉 5875 品种的根长表现出了一定程度的增长。百玉 5875 使用浓度为 25 μg/mL 的氨基寡糖素处理后，与对照相比根长显著增加。而百玉 9337 和郑单 958 经一系列浓度的氨基寡糖素处理后，与对照比根长没有表现出明显的差异。

（3）单株重

百玉 9337 经一系列浓度的氨基寡糖素处理后，单株地上部的鲜重与对照相比显著增加。百玉 5875 经浓度为 25 μg/mL、50 μg/mL、100 μg/mL和 400 μg/mL 的氨基寡糖素处理后，单株地上部干重显著增加。然而，郑单 958 经一系列浓度的氨基寡糖素处理后，单株地上部干重和单株地上部鲜重与对照相比没有明显的差异。

百玉 9337 经浓度为 50 μg/mL、400 μg/mL 和 800 μg/mL 的氨基寡糖素处理后，单株地下部鲜重显著增加。郑单 958 经浓度为 100 μg/mL 的氨基寡糖素处理后，单株地下部鲜重显著增加。百玉 5875 经浓度为 25 μg/mL、50 μg/mL 和 400 μg/mL 的氨基寡糖素处理后，单株地下部干重显著增加。

3.2.4.2　丙二醛含量

不同浓度氨基寡糖素处理对玉米叶片丙二醛含量的影响见图 3-6。

MDA 含量是细胞膜过氧化的产物，是脂质过氧化的标志。在本研究中，三个品种玉米经一系列浓度的氨基寡糖素处理后，其 MDA 含量与对照相比均显著降低。其中，百玉 9337 经浓度为25 μg/mL、

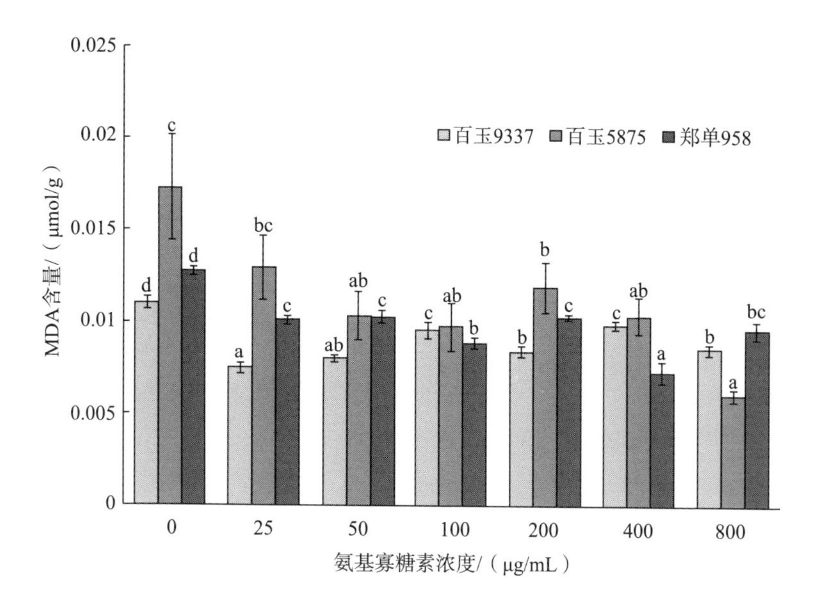

图 3－6　不同浓度氨基寡糖素处理对玉米叶片丙二醛含量的影响

注：表中数据为三次重复处理的平均值；同一品种各数据之间小写字母不同表示处理间差异显著（$P<0.05$）。

50 μg/mL、100 μg/mL、200 μg/mL、400 μg/mL、800 μg/mL的氨基寡糖素处理后，其 MDA 含量相比于对照分别降低了 32%、27%、13%、24%、11%和 23%。百玉 5875 和郑单 958 也表现出了类似的结果，经浓度为 25 μg/mL、50 μg/mL、100 μg/mL、200 μg/mL、400 μg/mL、800 μg/mL 的氨基寡糖素处理后，它们的 MDA 含量分别降低了 25%、40%、44%、34%、40%、65%和 21%、19%、31%、20%、43%、25%。

3.2.4.3　酶活性

经氨基寡糖素处理后，玉米的酶活性，特别是保护酶（如 CAT、PPO、SOD、POD 等）活性发生了变化。

（1）CAT 活性

如图 3－7 所示，百玉 9337 经一系列浓度的氨基寡糖素处理后，

CAT 活性与对照相比明显增加；经浓度为 25 μg/mL、50 μg/mL、100 μg/mL、200 μg/mL、400 μg/mL、800 μg/mL 的氨基寡糖素处理后，酶的活性与对照相比分别增加了 77%、65%、124%、78%、78%和 63%。

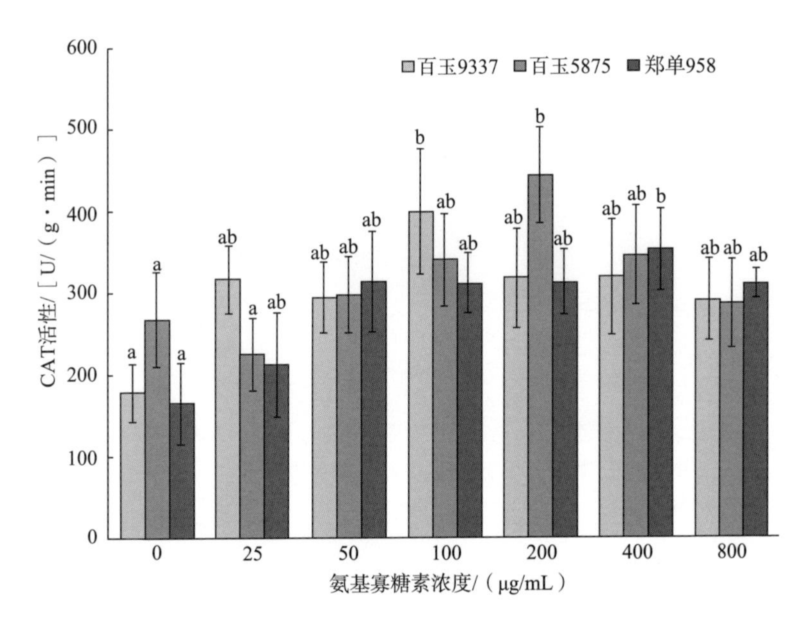

图 3-7　不同浓度氨基寡糖素处理对玉米叶片 CAT 活性的影响

注：表中数据为三次重复处理的平均值；同一品种各数据之间小写字母不同表示处理间差异显著（$P<0.05$）。

百玉 5875 和郑单 958 也表现出相似的结果，CAT 的活性高于对照组。百玉 5875 经浓度为 50 μg/mL、100 μg/mL、200 μg/mL、400 μg/mL、800 μg/mL 的氨基寡糖素处理后，CAT 活性与对照相比分别增加了 11%、27%、66%、29%和 7%。郑单 958 经浓度为 25 μg/mL、50 μg/mL、100 μg/mL、200 μg/mL、400 μg/mL、800 μg/mL的氨基寡糖素处理后，CAT 活性与对照相比分别增加了 29%、90%、89%、90%、113%和 88%。

（2）PPO 活性

如图 3－8 所示，三个品种的玉米经一系列浓度的氨基寡糖素处理后，PPO 活性与对照相比均明显增加。

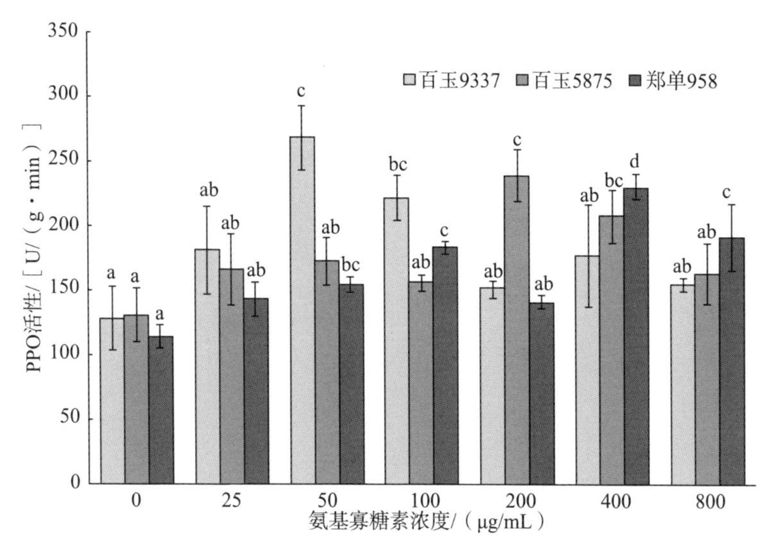

图 3－8　不同浓度氨基寡糖素处理对玉米叶片 PPO 活性的影响

注：表中数据为三次重复处理的平均值；同一品种各数据之间小写字母不同表示处理间差异显著（$P<0.05$）。

百玉 9337 经浓度为 25 μg/mL、50 μg/mL、100 μg/mL、200 μg/mL、400 μg/mL、800 μg/mL 的氨基寡糖素处理后，PPO 活性与对照相比分别增加 41％、109％、73％、18％、38％和 20％。百玉 5875 和郑单 958 也表现出类似的结果。经浓度为 25 μg/mL、50 μg/mL、100 μg/mL、200 μg/mL、400 μg/mL、800 μg/mL 的氨基寡糖素处理后，百玉 5875 的 PPO 活性与对照相比分别增加了 27％、32％、19％、83％、59％和 25％；郑单 958 的 PPO 活性分别增加了 26％、36％、60％、23％、102％和 68％。

（3）SOD 活性

如图 3－9 所示，百玉 9337 经一系列浓度的氨基寡糖素处理后，

SOD活性与对照相比显著增加。经浓度为25 μg/mL、50 μg/mL、100 μg/mL、200 μg/mL、400 μg/mL、800 μg/mL的氨基寡糖素处理后，SOD活性与对照相比分别增加89%、45%、79%、84%、135%和149%。

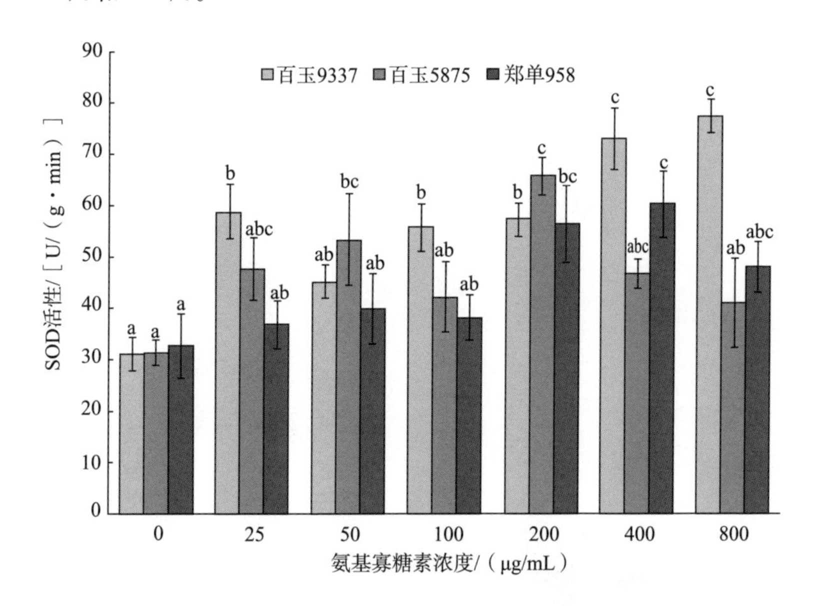

图3-9　不同浓度氨基寡糖素处理对玉米叶片SOD活性的影响

注：表中数据为三次重复处理的平均值；同一品种各数据之间小写字母不同表示处理间差异显著（$P<0.05$）。

另外两个玉米品种（百玉5875和郑单958）也有相似的结果，经氨基寡糖素处理后，SOD活性显著增加。经浓度为25 μg/mL、50 μg/mL、100 μg/mL、200 μg/mL、400 μg/mL、800 μg/mL的氨基寡糖素处理后，百玉5875的SOD活性与对照相比分别增加了52%、71%、35%、110%、49%和31%；郑单958的SOD活性分别增加了13%、22%、17%、73%、84%和47%。

（4）POD活性

如图3-10所示，百玉9337经一系列浓度的氨基寡糖素处理后，POD 活性与对照相比显著增加。与对照组相比，百玉 9337 经浓度为 25 μg/mL、50 μg/mL、100 μg/mL、200 μg/mL、400 μg/mL、800 μg/mL 的氨基寡糖素处理后，POD 活性分别增加了 14%、44%、35%、47%、57%和 51%。另外两个玉米品种（百玉 5875 和郑单 958）也有相似的结果，经氨基寡糖素处理后，叶片中 POD 活性明显高于对照组。经浓度为 25 μg/mL、50 μg/mL、100 μg/mL、200 μg/mL、400 μg/mL、800 μg/mL 的氨基寡糖素处理后，百玉 5875 的 POD 活性与对照相比分别增加了 5%、34%、17%、48%、41%和 31%；郑单 958 分别增加了 18%、10%、15%、25%、38%和 48%。

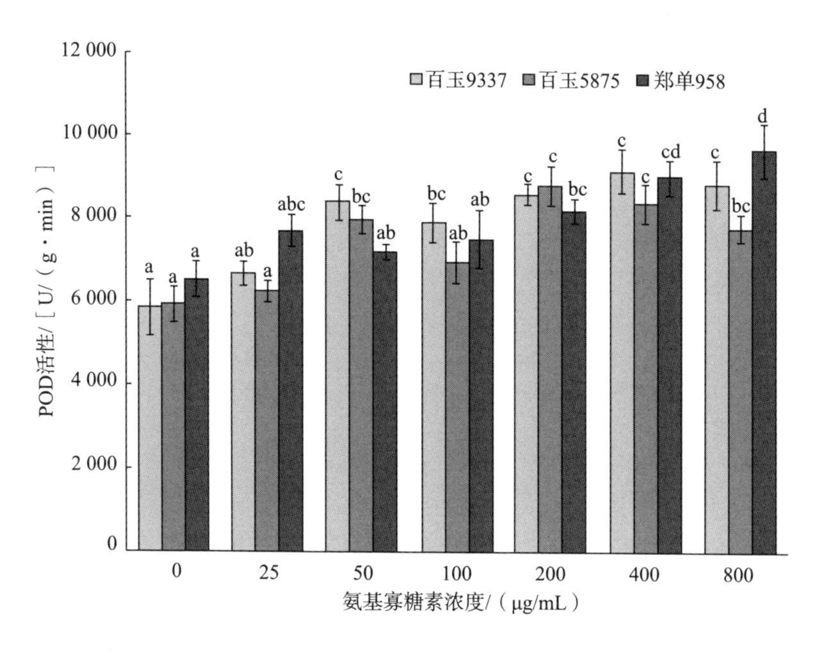

图 3-10　不同浓度氨基寡糖素处理对玉米叶片 POD 活性的影响

注：表中数据为三次重复处理的平均值；同一品种各数据之间小写字母不同表示处理间差异显著（$P<0.05$）。

3.3 本章小结

本章以小麦及玉米两种主要粮食作物为试验材料，进行室内盆栽试验，通过设置一系列不同浓度的氨基寡糖素，分别对两种作物种子进行不同的处理，综合分析了氨基寡糖素对两种粮食作物生物学和生理学特性的促进作用，并试图揭示这一现象的作用机制。结果表明，经浓度为 50 μg/mL、100 μg/mL、200 μg/mL、400 μg/mL 和 800 μg/mL 的氨基寡糖素处理后，小麦百农 4199 的株高，百农 4199、郑育 11 的根长和生物量积累有显著增加。经一系列浓度的氨基寡糖素处理后，保护酶 CAT、POD、PPO、SOD 活性增加（$P<0.05$），MDA 浓度下降（$P<0.05$）。同样，经浓度为 50 μg/mL、100 μg/mL、200 μg/mL、400 μg/mL 和 800 μg/mL 的氨基寡糖素处理后，三个品种玉米（百玉 9337、百玉 5875 和郑单 958）的生物学指标与对照相比增加。本研究结果表明，氨基寡糖素在小麦及玉米生产中的应用可能对维持我国粮食产量安全具有重要意义。

第4章 氨基寡糖素对冬小麦和夏玉米生长的影响

氨基寡糖素作为植物生长调节剂和抗逆性诱导剂已得到广泛的研究[129]，已有报道指出氨基寡糖素具有促进棉花、豇豆、辣椒、番茄、香蕉、杧果等植株的生长，改善作物的品质，提高作物的产量等作用；在病害方面，氨基寡糖素能够抑制一些真菌、细菌的生长发育，提高植物的抗病性，减少病害的发生或者降低病害发生程度，还能够有效提高抗氧化酶的活性，从而更好地提高植物的抗逆性。已有研究结果表明，氨基寡糖素对小麦及玉米也具有同样的促生长作用，且能够提高植株叶片内几种抗氧化酶的活性，降低丙二醛含量，从而降低细胞膜脂过氧化程度，提高植株的抗逆性，但氨基寡糖素在实际的生产应用中是否具有促生长作用仍未可知，为了进一步探究氨基寡糖素对主要粮食作物冬小麦和夏玉米实际生产中的作用，本研究将通过大田试验研究其对两种粮食作物植株生长的影响，进一步明确氨基寡糖素对小麦及玉米的生长具有促进作用，为后阶段的影响机理研究提供一定依据。

4.1 氨基寡糖素对冬小麦生长的影响

4.1.1 试验材料与仪器

4.1.1.1 试验材料

小麦品种及来源见表 4－1。

表 4－1 小麦品种及来源

品种代号	品种名称	材料来源
一号品种	百农 4199	河南科技学院小麦育种中心

（续）

品种代号	品种名称	材料来源
二号品种	百农 207	河南科技学院小麦遗传改良研究中心
三号品种	郑育 11	河南省农业科学院

4.1.1.2 主要试剂与药剂

98%氨基寡糖素（由中国海洋大学提供）。

4.1.1.3 主要仪器和设备

主要仪器和设备见表 4-2。

表 4-2 主要仪器和设备

仪器设备	厂家
高压蒸汽灭菌锅（LDZX-50FBS）	上海申安医疗器械
电子天平（FA1004B）	上海佐科仪器仪表有限公司
电热鼓风干燥箱（DGH-2200B）	郑州生元仪器有限公司
全自动雪花制冰机（IMS-250）	常熟市雪科电器有限公司
立式冷藏柜（SC-300）	青岛海尔特种电冰柜有限公司
冷冻冰箱（BC/BD-418DTH）	合肥美菱股份有限公司

4.1.2 试验方法

4.1.2.1 植物材料的培养及处理

用不同浓度的氨基寡糖素溶液对小麦种子进行浸种处理，浸种时间为 6 h。氨基寡糖素浓度共设置 6 个梯度，即 25 μg/mL、50 μg/mL、100 μg/mL、200 μg/mL、400 μg/mL、800 μg/mL，以清水浸种为 CK，待浸种完成后，晾干。试验于河南科技学院东区试验田进行，土地处理同农户小麦田一致，机器播种。待小麦分蘖前期进行试验材料的采集，将小麦整株带回，处理干净后迅速置于－80℃冰箱内保存，待测定时取出。

4.1.2.2 MDA 的提取与测定

MDA 的提取与测定参考李小方主编的《植物生理学试验指

导》，采用10%的三氯乙酸溶液对小麦叶片中的MDA进行提取，然后用硫代巴比妥酸反应法测定MDA含量，并在原试验基础上略有改动[127]。将冰盒中的离心管依次取出，用移液枪分别取0.05 mL酶液和1.5 mL的反应液（把反应液从4℃冰箱中取出，25℃水浴5 min后待用）加入最新标记的2 mL离心管中，将离心管上下颠倒一次，用移液枪从每个离心管中分别取0.6 mL混合液于酶标板中，做好记录。设置待测样品的时间间隔为60 s，重复3次。

根据植物组织的质量计算测定样品中MDA的含量：

$$\text{MDA浓度} = 6.45 \times (A_{532} - A_{600}) - 0.56 \times A_{450}$$

$$\text{MDA含量}(\mu mol/g) = \frac{\text{MDA浓度}(\mu mol/L) \times \text{提取液体积}(mL)}{\text{植物组织鲜重}(g)}$$

4.1.2.3　酶液的提取

将自封袋中的离心管从液氮盒中取出，待研磨仪参数（65 Hz，1 min）设置好以后，将研磨仪适配器放入液氮中浸没10 s，将离心管用镊子迅速转移至组织研磨仪的转盘中，研磨好以后每个离心管中均加入1 mL提取液（SOD的缓冲液），此过程在冰盒上进行，加完之后将离心管依次放入冷冻离心机中离心（离心机设定参数：8 000×g，20 min，4℃），提前将离心机温度设置为4℃预冷。离心之后取上清液，即得到酶液，将该酶液依次加入1.5 mL灭过菌的离心管中，将该离心管依次放到冰盒中，待测酶活。

4.1.2.4　PPO活性测定

PPO的提取与活性测定参考高俊山主编的《植物生理学试验指导》，并稍有改动。将冰盒中的离心管依次取出，用移液枪分别取0.25 mL酶液和1.75 mL的反应液（把反应液从4℃冰箱中取出，25℃水浴5 min后待用）加至最新标记的2 mL离心管中，将离心管上下颠倒一次，将混合液摇匀，用移液枪移取0.2 mL混合液于酶标板孔内，平行重复3次。设置待测样品的波长为410 nm，时间间隔60 s，重复3次。

酶活性计算：以每分钟吸光度值变化（升高）0.01 为 1 个酶活性单位（U）。

$$\text{PPO 活性}\ [\text{U}/\ (\text{g}\cdot\text{min})] = \frac{\Delta A_{410} \times V_t}{W \times V_s \times 0.01 \times t}$$

式中，ΔA_{410} 为反应时间内吸光度的变化；W 为样品鲜重（g）；t 为反应时间（min）；V_t 为提取酶液总体积（mL）；V_s 为测定时取用酶液体积（mL）。

4.1.2.5 SOD 活性测定

SOD 活性测定采用氮蓝四唑（NBT）光还原法，参考李小方主编的《植物生理学试验指导》，并略有改动。将冰盒中的离心管依次取出，用移液枪分别取 0.015 mL 酶液和 1.5 mL 的反应液（把反应液从 4℃冰箱中取出，25℃水浴 5 min 后待用）加至最新标记的 2 mL 离心管中，将离心管上下颠倒一次后，迅速转移至培养箱中，4 000 lux 光照条件下静置 20 min。用移液枪从每个离心管中分别取 0.2 mL 混合液于酶标板中，平行重复 3 次。设置待测样品的波长为 560 nm，时间间隔 60 s，重复 3 次。

酶活性计算：SOD 活性单位以抑制 NBT 光化还原 50%所需酶量为 1 个酶活单位（U）。

$$\text{SOD 总活性（U/g，FW）} = \frac{(A_{CK} - A_E) \times V}{1/2 A_{CK} \times W \times V_t}$$

式中，A_{CK} 为照光对照管的吸光度；A_E 为样品管的吸光度；V 为样品液总体积（加入 PBS 的体积，mL）；V_t 为测定时的酶液用量（mL）；W 为样品鲜重（g）。

4.1.2.6 POD 活性测定

POD 活性测定采用愈创木酚法，参考高俊山主编的《植物生理学试验指导》，并略有改动。将冰盒中的离心管依次取出，用移液枪分别取 0.05 mL 酶液和 1.5 mL 的反应液（把反应液从 4℃冰箱中取出，25℃水浴 5 min 后待用）加至最新标记的 2 mL 离心管中，将离心管上下颠倒一次，用移液枪从每个离心管中分别取

0.2 mL混合液于酶标板中，平行重复 3 次，设置待测样品的波长为 470 nm，时间间隔为 60 s，重复 3 次。

酶活性计算：以每分钟吸光度值变化（升高）0.01 为 1 个酶活性单位（U）。

$$\text{POD 活性}\ [\text{U/（g·min）}] = \frac{\Delta A_{470} \times V_t}{W \times V_s \times 0.01 \times t}$$

式中，ΔA_{470} 为反应时间内吸光度的变化；W 为样品鲜重（g）；t 为反应时间（min）；V_t 为提取酶液总体积（mL）；V_s 为测定时取用酶液体积（mL）。

4.1.2.7　CAT 活性测定

CAT 活性测定采用紫外吸收法，参考高俊山主编的《植物生理学试验指导》，并稍有改动。将冰盒中的离心管依次取出，用移液枪分别取 0.05 mL 酶液和 1.5 mL 的反应液（反应液从 4℃冰箱中取出，25℃水浴 5 min 后待用）加至最新标记的 2 mL 离心管中，将离心管上下颠倒一次，用移液枪从每个离心管中分别取 0.2 mL 混合液于酶标板中，平行重复 3 次，设置待测样品的波长为 240 nm，时间间隔为 60 s，重复 3 次。

酶活性计算：以每分钟吸光度值减少 0.01 为 1 个酶活性单位（U）。

$$\text{CAT 活性}\ [\text{U/（g·min）}] = \frac{\Delta A_{240} \times V_t}{W \times V_s \times 0.01 \times t}$$

式中，ΔA_{240} 为反应时间内吸光度的变化；W 为样品鲜重（g）；t 为反应时间（min）；V_t 为提取酶液总体积（mL）；V_s 为测定时取用酶液体积（mL）。

4.1.3　数据处理

采用 SPSS17.0 软件单因素分析法对小麦生理性状指标数据进行分析，采用 Microsoft Office 2010 软件对所有试验数据进行统计整理并作图。

4.1.4 试验结果

4.1.4.1 丙二醛含量

丙二醛是植物器官衰老时或在逆境条件下发生膜脂过氧化作用的产物之一，通常利用它作为脂质过氧化的指标，表示细胞膜脂质过氧化的程度。

如图 4－1 所示，百农 4199 经一系列浓度的氨基寡糖素处理后，叶片内丙二醛的含量与对照相比均显著降低；经浓度为 25 μg/mL、

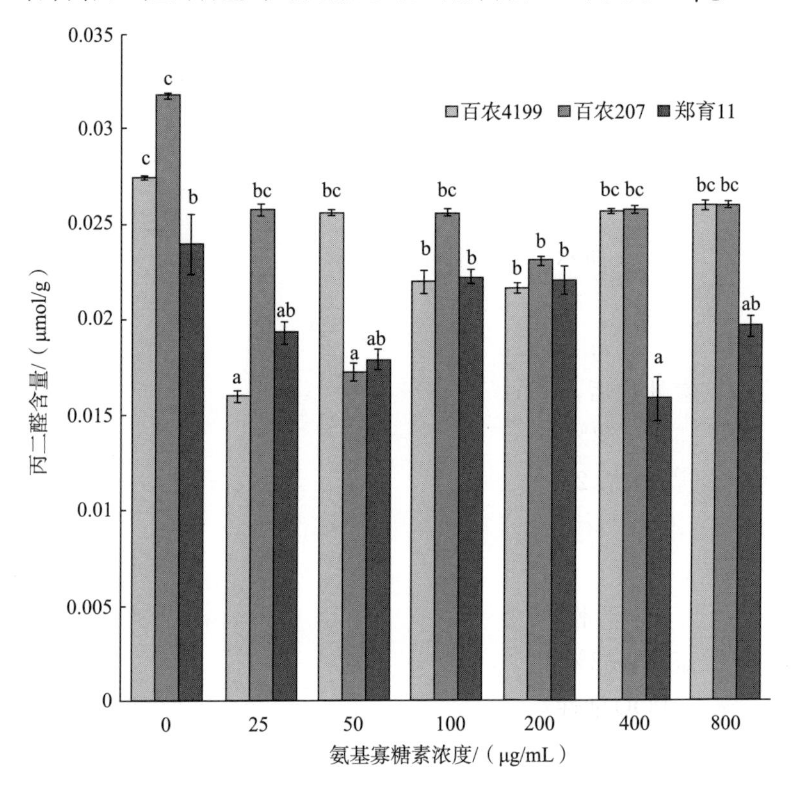

图 4－1　不同浓度氨基寡糖素处理对小麦叶片丙二醛含量的影响

注：表中数据为三次重复处理的平均值；同一品种各数据之间小写字母不同表示处理间差异显著（$P<0.05$）。

50 μg/mL、100 μg/mL、200 μg/mL、400 μg/mL、800 μg/mL 的氨基寡糖素处理后，百农 4199 叶片内丙二醛的含量与对照相比分别降低了 42%、6.7%、20%、21%、5.4%和 3.5%。

另外两种小麦（百农 207 和郑育 11）也表现出相似的试验结果。经浓度为 25 μg/mL、50 μg/mL、100 μg/mL、200 μg/mL、400 μg/mL、800 μg/mL 的氨基寡糖素处理后，百农 207 叶片中丙二醛含量与对照相比分别降低了 19%、46%、19%、27%、19%和 18%；郑育 11 叶片中丙二醛含量与对照相比分别降低了 19%、25%、7%、8%、34%和 18%。

4.1.4.2　酶活性

经一系列浓度的氨基寡糖素处理后，几种抗氧化酶（CAT、POD、PPO、SOD）活性也均有所变化。

（1）CAT 活性

如图 4-2 所示，百农 4199 经一系列浓度的氨基寡糖素处理后，CAT 的活性与对照相比有一定增加；经浓度为 25 μg/mL、50 μg/mL、100 μg/mL、200 μg/mL、400 μg/mL、800 μg/mL 的氨基寡糖素处理后，酶的活性与对照相比分别增加了 19%、11%、20%、15%、32%和 3%。

同时，百农 207 和郑育 11 也表现出相似的结果，CAT 的活性也均高于对照组。百农 207 和郑育 11 经浓度为 25 μg/mL、50 μg/mL、100 μg/mL、200 μg/mL、400 μg/mL、800 μg/mL 的氨基寡糖素处理后，CAT 活性与对照相比分别增加了 27%、67%、45%、30%、27%、32%和 44%、56%、37%、66%、49%、52%。

（2）POD 活性

如图 4-3 所示，百农 4199 经一系列浓度的氨基寡糖素处理后，POD 活性与对照相比显著增加。与对照组相比，百农 4199 经浓度为 25 μg/mL、50 μg/mL、100 μg/mL、200 μg/mL、400 μg/mL、800 μg/mL 的氨基寡糖素处理后，POD 活性在浓度为 25 μg/mL 时

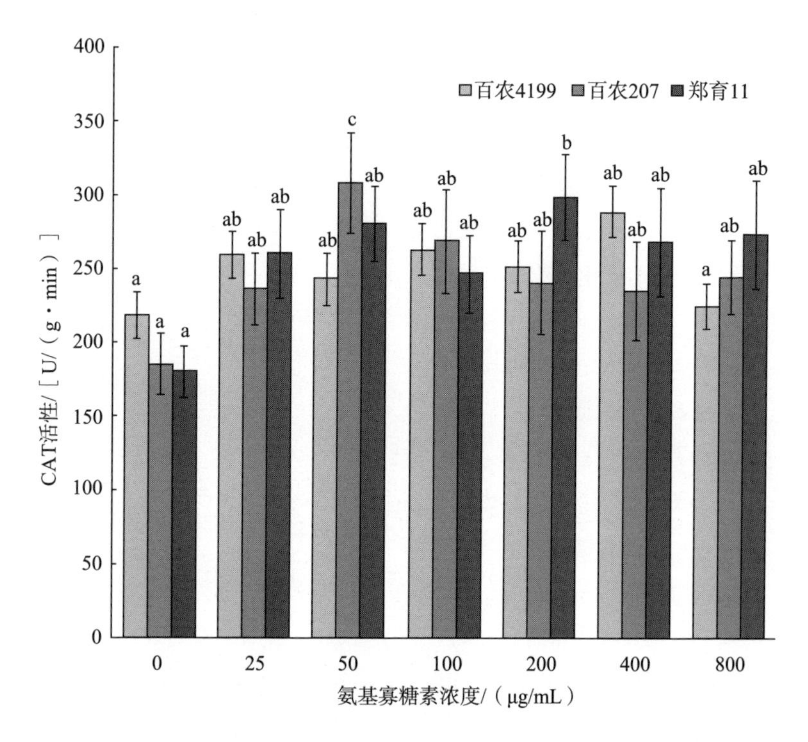

图 4-2　不同浓度氨基寡糖素处理对小麦叶片 CAT 活性的影响

注：表中数据为三次重复处理的平均值；同一品种各数据之间小写字母不同表示处理间差异显著（$P<0.05$）。

降低了 12%，但是在其他浓度下均为增加，分别增加了 37%、48%、39%、61%和 49%。

另外两个小麦品种（百农 207 和郑育 11）也有相似的结果，经氨基寡糖素处理后，叶片中 POD 活性明显高于对照组。经浓度为 25 μg/mL、50 μg/mL、100 μg/mL、200 μg/mL、400 μg/mL、800 μg/mL 的氨基寡糖素处理后，百农 207 的 POD 活性与对照相比分别增加了 22%、28%、26%、6%、39%和 57%；郑育 11 分别增加了 10%、21%、65%、21%、25%和 43%。

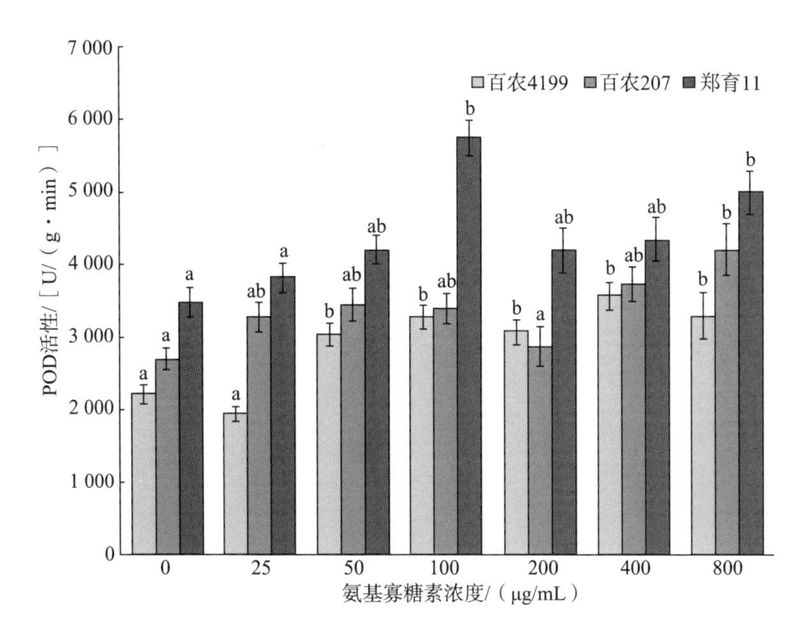

图 4-3　不同浓度氨基寡糖素处理对小麦叶片 POD 活性的影响

注：表中数据为三次重复处理的平均值；同一品种各数据之间小写字母不同表示处理间差异显著（$P<0.05$）。

（3）PPO 活性

三个品种的小麦经一系列浓度的氨基寡糖素处理后，PPO 的活性与对照相比表现出不同程度的增加。

如图 4-4 所示，百农 4199 经浓度为 25 μg/mL、50 μg/mL、100 μg/mL、200 μg/mL、400 μg/mL、800 μg/mL 的氨基寡糖素处理后，PPO 活性与对照相比在浓度为 25 μg/mL 时降低了 5%，但是在其他浓度下均为增加，分别增加了 18%、7%、34%、25%和 4%。百农 207 和郑育 11 也表现为酶活性升高。经浓度为 25 μg/mL、50 μg/mL、100 μg/mL、200 μg/mL、400 μg/mL、800 μg/mL 的氨基寡糖素处理后，百农 207 的 PPO 活性与对照相比分别增加了 15%、23%、27%、53%、61%和 11%。但郑育 11 的 PPO 活性

变化较无规律，在浓度为 25 μg/mL、800 μg/mL 时分别降低了 11%、3%，在浓度为 100 μg/mL 时活性没有变化，在其他浓度下均表现为活性的增加，分别增加了 24%、25%和 17%。

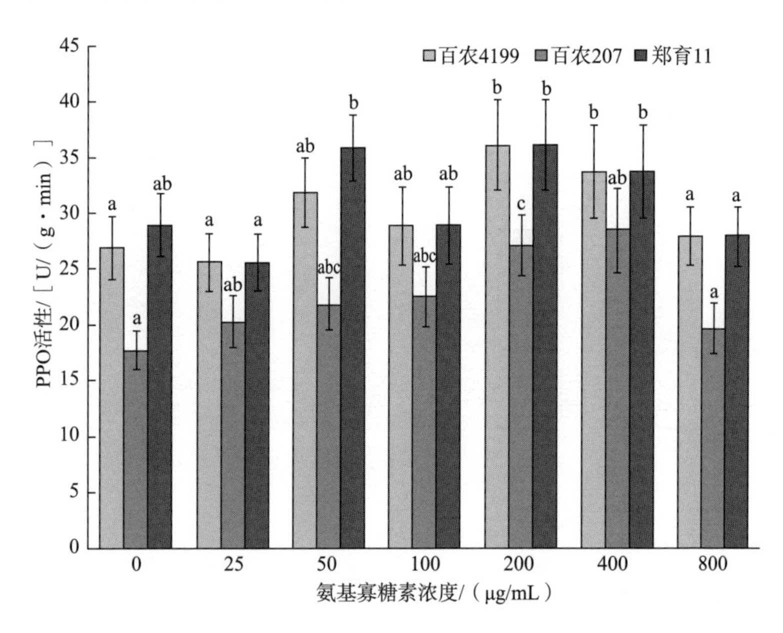

图 4-4　不同浓度氨基寡糖素处理对小麦叶片 PPO 活性的影响

注：表中数据为三次重复处理的平均值；同一品种各数据之间小写字母不同表示处理间差异显著（$P<0.05$）。

（4）SOD 活性

如图 4-5 所示，百农 4199 经一系列浓度的氨基寡糖素处理后，SOD 活性与对照相比均表现出不同程度的增加。经浓度为 25 μg/mL、50 μg/mL、100 μg/mL、200 μg/mL、400 μg/mL、800 μg/mL 的氨基寡糖素处理后，SOD 活性与对照相比分别增加 25%、70%、103%、28%、93%和 73%。

另外两个小麦品种（百农 207 和郑育 11）也有相似的结果。经浓度为 25 μg/mL、50 μg/mL、100 μg/mL、200 μg/mL、400 μg/mL、

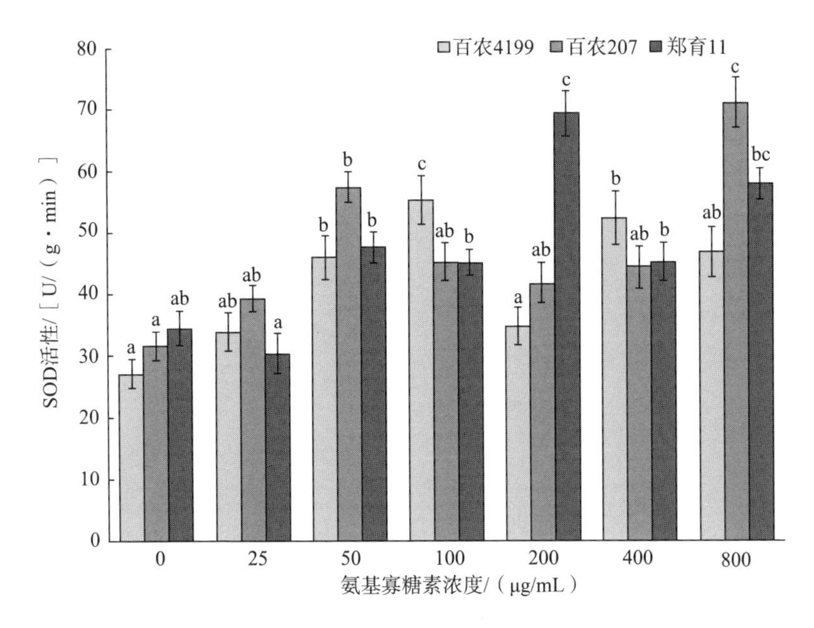

图 4-5　不同浓度氨基寡糖素处理对小麦叶片 SOD 活性的影响

注：表中数据为三次重复处理的平均值；同一品种各数据之间小写字母不同表示处理间差异显著（$P<0.05$）。

800 μg/mL 的氨基寡糖素处理后，百农 207 的 SOD 活性与对照相比分别增加了 24%、81%、43%、32%、40%和 124%；郑育 11 的 SOD 活性在浓度为 25 μg/mL 时降低了 12%，但是在其他浓度下均表现为增加，分别增加了 37%、31%、101%、31%和 68%。

4.2　氨基寡糖素对夏玉米生长的影响

4.2.1　试验材料与仪器

4.2.1.1　试验材料

玉米品种及来源见表 4-3。

表 4-3　玉米品种及来源

品种代号	品种名称	材料来源
一号品种	百玉 9337	河南科技学院玉米育种中心
二号品种	百玉 5875	河南科技学院玉米育种中心
三号品种	郑单 958	河南省农业科学院

4.2.1.2　主要试剂与药剂

98%氨基寡糖素（由中国海洋大学提供）。

4.2.1.3　主要仪器和设备

主要仪器和设备见表 4-4。

表 4-4　主要仪器和设备

仪器和设备	厂家
高压蒸汽灭菌锅（LDZX-50FBS）	上海申安医疗器械
电子天平（FA1004B）	上海佐科仪器仪表有限公司
电热鼓风干燥箱（DGH-2200B）	郑州生元仪器有限公司
全自动雪花制冰机（IMS-250）	常熟市雪科电器有限公司
立式冷藏柜（SC-300）	青岛海尔特种电冰柜有限公司
冷冻冰箱（BC/BD-418DTH）	合肥美菱股份有限公司

4.2.2　试验方法

4.2.2.1　植物材料的培养及处理

用不同浓度的氨基寡糖素溶液对玉米种子进行浸种处理，浸种时间为 6h。氨基寡糖素浓度共设置 3 个梯度，即 25μg/mL、100μg/mL、400μg/mL，以清水浸种为对照处理，即 CK 处理，待包衣完成后，晾干。试验于河南科技学院东区试验田进行，土地处理同农户玉米田一致，机器播种。待出芽一个月后进行试验材料的采集，将植株整株带回，处理干净后将叶片迅速置于−80℃冰箱内保存，待测定时取出。

4.2.2.2　MDA 的提取与测定

试验方法与 4.1.2.2 一致。

4.2.2.3　酶液的提取与测定

试验方法与 4.1.2.3 一致。

4.2.3　数据处理

采用 SPSS17.0 软件单因素分析法对小麦生理性状指标数据进行分析，采用 Microsoft Office 2010 软件对所有试验数据进行统计整理并作图。

4.2.4　试验结果

4.2.4.1　丙二醛含量

如图 4-6 所示，百玉 9337 经一系列浓度的氨基寡糖素处理

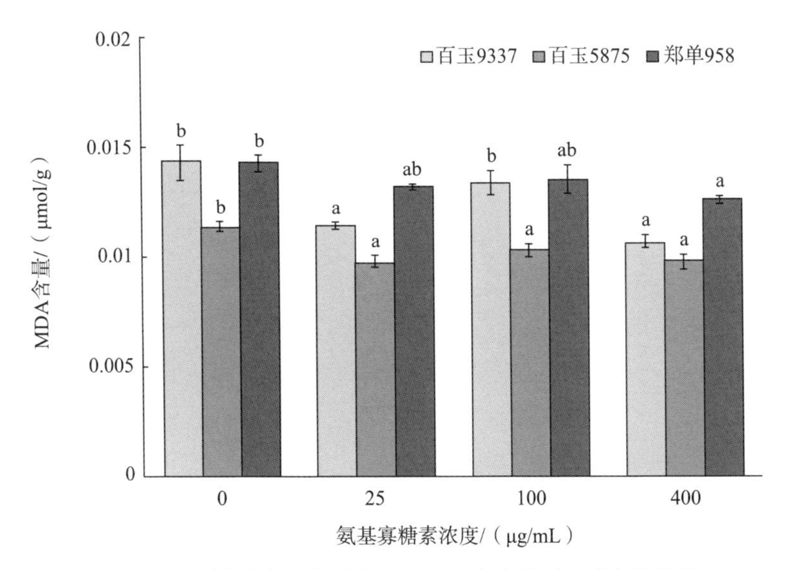

图 4-6　不同浓度氨基寡糖素处理对玉米叶片丙二醛含量的影响

注：表中数据为三次重复处理的平均值；同一品种各数据之间小写字母不同表示处理间差异显著（$P<0.05$）。

后，叶片内丙二醛的含量与对照相比表现出不同程度的降低；经浓度为 25 μg/mL、100 μg/mL、400 μg/mL 的氨基寡糖素处理后，百玉 9337 叶片内丙二醛的含量与对照相比分别降低了 20%、7%和 25%。

另外两种玉米（百玉 5875 和郑单 958）也表现出相似的结果。经浓度为 25 μg/mL、100 μg/mL、400 μg/mL 的氨基寡糖素处理后，百玉 5875 叶片中丙二醛含量与对照相比分别降低了 14%、9%和 14%；郑单 958 叶片中丙二醛含量与对照相比分别降低了 8%、5%和 12%。

4.2.4.2 酶活性

经一系列浓度的氨基寡糖素处理后，几种抗氧化酶（CAT、POD、PPO）活性也均有所变化。

（1）CAT 活性

如图 4-7 所示，百玉 9337 经一系列浓度的氨基寡糖素处理后，

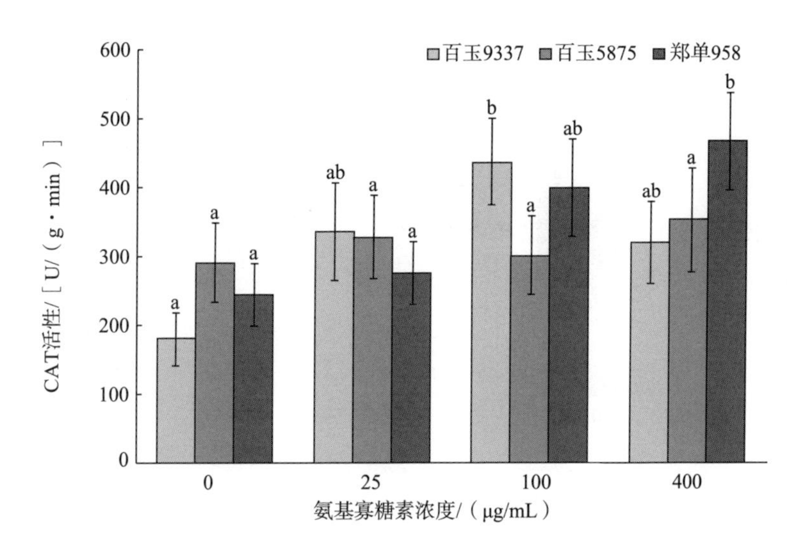

图 4-7 不同浓度氨基寡糖素处理对玉米叶片 CAT 活性的影响

注：表中数据为三次重复处理的平均值；同一品种各数据之间小写字母不同表示处理间差异显著（$P<0.05$）。

CAT 活性与对照相比明显增加；经浓度为 25 μg/mL、100 μg/mL、400 μg/mL 的氨基寡糖素处理后，酶的活性与对照相比分别增加了 86%、143%和 78%。

百玉 5875 经浓度为 25 μg/mL、100 μg/mL、400 μg/mL 的氨基寡糖素处理后，酶的活性与对照相比分别增加了 12%、4%和 21%。郑单 958 表现出与百玉 9337 相似的结果，经浓度为 25 μg/mL、100 μg/mL、400 μg/mL 的氨基寡糖素处理后，CAT 活性与对照相比分别增加了 12%、63%和 91%。

（2）POD 活性

如图 4-8 所示，三个品种的玉米经一系列浓度的氨基寡糖素处理后，POD 的活性与对照相比均显著增加。

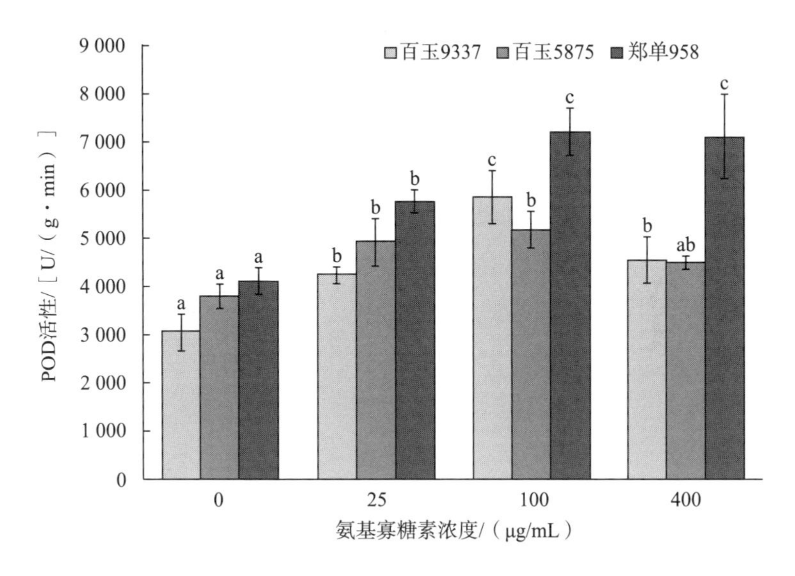

图 4-8　不同浓度氨基寡糖素处理对玉米叶片 POD 活性的影响

注：表中数据为三次重复处理的平均值；同一品种各数据之间小写字母不同表示处理间差异显著（$P<0.05$）。

与对照组相比，百玉 9337 经浓度为 25 μg/mL、100 μg/mL、

400 μg/mL 的氨基寡糖素处理后，POD 活性分别增加了 38%、91%和 48%。另外两个玉米品种（百玉 5875 和郑单 958）也有相似的结果，经浓度为 25 μg/mL、100 μg/mL、400 μg/mL 的氨基寡糖素处理后，百玉 5875 的 POD 活性与对照相比分别增加了 29%、36%和 18%，郑单 958 分别增加了 40%、76%和 73%。

（3）PPO 活性

如图 4－9 所示，百玉 9337 经一系列浓度的氨基寡糖素处理后，PPO 活性与对照相比明显增加。与对照组相比，百玉 9337 经浓度为 25 μg/mL、100 μg/mL、400 μg/mL 的氨基寡糖素处理后，PPO 活性分别增加了 697%、1063%和 266%。

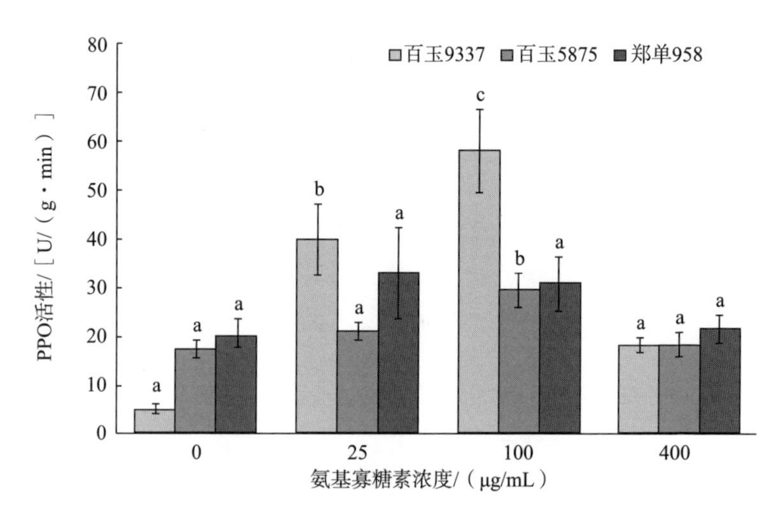

图 4－9　不同浓度氨基寡糖素处理对玉米叶片 PPO 活性的影响

注：表中数据为三次重复处理的平均值；同一品种各数据之间小写字母不同表示处理间差异显著（$P<0.05$）。

百玉 5875 经浓度为 25 μg/mL、100 μg/mL、400 μg/mL 的氨基寡糖素处理后，PPO 活性与对照相比分别增加了 22%、70%和 6%；郑单 958 经浓度为 25 μg/mL、100 μg/mL、400 μg/mL 的氨

基寡糖素处理后，PPO活性与对照相比分别增加了60%、50%和5%。

4.3 本章小结

本章以小麦及玉米为研究对象，研究氨基寡糖素在实际生产中对小麦及玉米生长的影响，主要测定了植株叶片中几种抗氧化酶的活性以及丙二醛含量等生理生化指标。研究发现，在实际小麦和玉米的生产中，经一系列浓度的氨基寡糖素处理后，三个品种的小麦叶片中丙二醛的含量与对照相比均显著降低；同时，进一步研究表明，CAT、SOD、POD、PPO几种抗氧化酶的活性经浓度为50 μg/mL、100 μg/mL、200 μg/mL、400 μg/mL、800 μg/mL的氨基寡糖素处理后与对照相比均显著升高，这些研究结果与室内试验结果相一致，同时，玉米的试验结果也与先前室内的研究结果相一致，由此可得氨基寡糖素对小麦及玉米的生长具有一定的促进作用，为从分子生物学角度解释氨基寡糖素的促生长机理及其未来在农业生产中的应用提供了一定依据。

第5章　结论与展望

本书通过用氨基寡糖素对小麦及玉米种子进行浸种处理，通过测定其生物学性状研究了不同浓度的氨基寡糖素对小麦和玉米生长的影响，筛选出了较好的施用浓度，并进一步通过生理生化的方法，探究了小麦及玉米生长过程中几种酶活性的变化，进一步从生理学角度解释了氨基寡糖素的作用机制，从而为进一步开展以氨基寡糖素为有效成分的新型生物农药种衣剂的研制及应用提供了参考，为从基因组学角度研究氨基寡糖素对小麦及玉米的促生长效应的研究奠定基础。主要结论如下：

（1）氨基寡糖素的浓度与小麦及玉米的生长密切相关。使用氨基寡糖素溶液对小麦种子进行浸泡处理，溶液浓度在10～100 μg/mL范围内，对小麦的株高、胚芽鞘生长、根系发育、生物量积累均具有良好的促进作用。同时使用氨基寡糖素溶液对玉米种子进行浸泡处理后，溶液浓度在1～10 000 μg/mL范围内，对玉米的株高、根系发育、生物量积累均具有良好的促进作用。

（2）结果表明，50～800 μg/mL的氨基寡糖素对小麦品种百农4199的株高，百农207和郑育11的根长和生物量积累增加有显著的促进作用。经一系列浓度的氨基寡糖素处理后，相比对照，保护酶CAT、POD、PPO、SOD活性升高（$P<0.05$），MDA浓度降低（$P<0.05$）。玉米盆栽试验的结果与此结果相一致。

（3）氨基寡糖素在小麦及玉米的实际生产中的应用结果与室内试验的结果相一致。

本研究找出了氨基寡糖素溶液处理小麦和玉米种子时的最佳浓度范围，得出了氨基寡糖素对小麦及玉米的生长具有促生长作用的结论，但其具体的促生长作用机理还不清晰。基于此，在接下来的工作中，一方面将开展以氨基寡糖素为主要有效成分的生物农药种衣剂的研制，另一方面将进一步细化浓度梯度，同时对小麦及玉米进行转录组分析，进而从分子角度回答氨基寡糖素的促生长机制。

参 考 文 献

[1] 傅向东，刘倩，李振声，等．小麦基因组研究现状与展望［J］．中国科学院院刊，2018，33（9）：25-30.

[2] 魏益民，郭波莉，任满宽．甘肃民乐东灰山遗址炭化小麦籽粒性状分析［J］．麦类作物学报，2018，38（11）：72-79.

[3] 范玲玲．过去65年中国小麦种植时空格局变化及其驱动因素分析［D］．北京：中国农业科学院，2018.

[4] 王朝辉．粮食作物养分管理与农业绿色发展［J］．中国农业科学，2018，51（14）：94-96.

[5] LIU BING，LIU LEILEI，TIAN LIYANG，et al. Post-heading heat stress and yield impact in winter wheat of China［J］. Global Change Biology，2014，20（2）：372-381.

[6] 戴伟．播量对长航一号小麦产量及抗倒性的影响［D］．杨凌：西北农林科技大学，2018.

[7] 王志强，王海，黄国勤．长江中游地区粮食生产的战略研究［J］．中国农学通报，2018，34（18）：164-170.

[8] PECHANOVA O，TAKAC T，SAMAJ J，et al. Maiza proteomics：An insight into the biology of an important cereal crop［J］. Proteomics，2013，13（3-4）：637-662.

[9] 马俊峰，洪德峰，卫晓轶，等．不同基因型玉米品种分蘖特性比较及其与产量性状的关系［J］．中国农学通报，2019（23）：13-17.

[10] 李彦昌，侯现军，张文波，等．不同时期与种植密度化控对夏玉米的影响研究［J］．中国农学通报，2019，35（19）：15-20.

[11] 罗梦娜．生长调节剂对小麦和玉米内源激素的影响［D］．杨凌：西北农林科技大学，2019.

[12] 何凯．杨凌温室番茄主要病虫害防控生物源药剂筛选［D］．杨凌：西北农林科技大学，2018.

[13] 闵红，李好海，赵利民．河南省种子处理技术的发展及展望［J］．中国植保导刊，2019，2（39）：92-94.

[14] 黄文静，张严磊，孙晓春，等．多功能悬浮型药用植物种衣剂的研制及其生物活性［J］．中国现代中药，2018，20（5）：98-104.

[15] 赵丽，程永祥，袁少华．4种生物农药对茶尺蠖的控制效果评价［J］．中国植保导刊，2018，2（38）：70-72.

[16] NAVEED M，PHIL L，SOHAIL M，et al. Chitosan oligosaccharide (COS)：An overview ［J］. Int. J. Biol. Macromol，2019，15（129）：1-57.

[17] MEIY，DAI X，YANG W，et al. Antifungal activity of chitooligosaccharides against the dermatophyte Trichophyton rubrum ［J］. International Journal of Biological Macromolecules，2015，77：330-335.

[18] DAS S N，MADHUPRAKASH J，SARMA P，et al. Biotechnological approaches for field applications of chitooligosaccharides (COS) to induce innate immunity in plants ［J］. Critical Reviews in Biotechnology，2015，35（1）：29-43.

[19] LI P Q，LINHARDT R，CAO Z M. Structural characterization of oligochitosan elicitor from fusarium sambucinum and its elicitation of defensive responses in zanthoxylum bungeanum ［J］. International Journal of Molecular Sciences，2016，17（12）：2076.

[20] 张运红，吴礼树，耿明建，等．寡糖的生物学效应及其在农业中的应用［J］．植物生理学通讯，2009，45（12）：1239-1244.

[21] BUCHELI P，DOARES S H，ALBERSHEIM P，Host-pathogen interactions XXXVI. Partial purification and characterization of heat-labile molecules secreted by the rice blast pathogen that solubilize plant cell wall fragments that kill plant cells ［J］. Physiological and Molecular Plant Pathology，1990，36（2）：159-173.

[22] 任立世，程功，焦思明，等．热紫链霉菌几丁质酶表达及低脱乙酰度壳

寡糖制备 [J]. 应用与环境生物学报，2019，25 (2)：445-450.

[23] 郭默然．牛蒡低聚果糖诱导烟草系统抗性的表达谱分析及信号转导机制的研究 [D]. 济南：山东大学，2014.

[24] 李映龙，单守明，刘成敏，等．叶面喷施壳寡糖对华脆苹果光合作用和果实品质的影响 [J]. 农业科学研究，2019 (3)：19-22.

[25] 张杍润，张瑞杰，赵亚婷，等．水杨酸和壳寡糖处理对采后杏果实抗黑斑病及 PAL 和 POD 酶活性与基因表达的影响 [J]. 新疆农业大学学报，2017，40 (3)：179-184.

[26] 王雪，孙劲松，高昌鹏，等．外源寡糖在动物生产中的应用研究概况 [J]. 黑龙江畜牧兽医，2019 (19)：30-33.

[27] 罗刚，高华军，韦忠，等．氨基寡糖素和钾营养调节剂对烟草普通花叶病毒病的防治效果 [J]. 作物研究，2018，32 (2)：140-143.

[28] 张小倩．基于多组学研究单一聚合度壳寡糖对小麦的代谢调控机制 [D]. 北京：中国科学院大学（中国科学院海洋研究所），2018.

[29] 王国佳，曹红．香菇多糖的研究进展 [J]. 解放军药学学报，2011 (5)：81-85.

[30] YUAN H M，ZHANG W W，LI X G，et al. Preparation and in vitro antioxidant activity of k-carrageenan oligosaccharides and their oversulfated, acetylated, and phosphorylated derivatives [J]. Carbohydrate Research, 2005，340 (4)：685-692.

[31] 王文霞，赵小明，杜昱光，等．寡糖生物防治应用及机理研究进展 [J]. 中国生物防治学报，2015，31 (5)：757-769.

[32] 董向艳，彭晴，Ojokoh Eromosele，等．寡聚半乳糖醛酸生物活性研究进展 [J]. 核农学报，2014，28 (6)：1076-1082.

[33] RANDOUX B，RENARD-MERLIER D，DUYME F，et al. Oligogalacturonides induce resistance in wheat against powdery mildew [J]. Communications in Agricultural & Applied Biological Sciences，2009，74 (3)：681-685.

[34] 赵小明，李东鸿，杜昱光，等．寡聚半乳糖醛酸防治苹果花叶病田间药效试验 [J]. 中国农学通报，2004，20 (6)：262-264.

[35] 傅赟彬，赵小明，杜昱光 . β-葡寡糖诱导植物抗病性的研究进展 [J]. 中国生物防治学报，2011，27 (2)：269-275.

[36] SHARP J K，VALENT B，ALBERSHEIM P. Purification and partial characterization of a β-glucan fragment that elicits phytoalexin accumulation in soybean [J]. Journal of Biological Chemistry，1984，259：11312.

[37] 邱驰，宝聚，范海延，等 . 几种葡聚寡糖激发子及其衍生物生物活性的比较 [J]. 植物病理学报，2004，34 (4)：336-339.

[38] MARGUERITE，RINAUDO. Chitin and chitosan：Properties and applications [J]. Prog. Polym. Sci.，2006，31：603-632.

[39] SEVDA SENEL，SUSAN J MCCLURE. Potential applications of chitosan in veterinary medicine [J]. Adv. Drug. Deliv. Rev.，2004，82：1467-1480.

[40] LI K C，XING R G，LIU S，et al. Advances in preparation，analysis and biological activities of single chitooligosaccharides [J]. Carbohydr. Polym.，2016，139：178-190.

[41] SOPHANIT，MEKASHA，IDA，et al. Development of enzyme cocktails for complete saccharification of chitin using mono-component enzymes from Serratia marcescens [J]. Process Biochem.，2017，56：132-138.

[42] ZOU P，YANG X，WANG J，et al. Advances in characterisation and biological activities of chitosan and chitosan oligosaccharides [J]. Food Chemistry，2016，190：1174-1181.

[43] LIU L C，ZHOU Y，ZHAO X H，et al. Oligochitosan stimulated phagocytic activity of macrophages from blunt snout bream (Megalobrama amblycephala) associated with respiratory burst coupled with nitric oxide production [J]. Dev. Comp. Immunol.，2014，47 (1)：17-24.

[44] DOMARD A. A perspective on 30 years research on chitin and chitosan [J]. Carbohydrate Polymers，2011，84 (2)：696-703.

[45] XIA W S，LIU P，ZHANG J L，et al. Biological activities of chitosan and chitooligosaccharides [J]. Food Hydrocolloids，2011，25 (2)：170-179.

[46] MUZZARELLI R A A. Chitins and chitosans as immunoadjuvants and

non-allergenic drug carriers [J]. Mar. Drugs，2010，8：292-312.

[47] KIM S K，RAJAPAKSE N. Enzymatic production and biological activities of chitosan oligosaccharides (COS)：A review [J]. Carbohydr. Polym.，2005，62：357-368.

[48] SIDDAIAH C N，PRASANTH K V H，SATYANARAYANA N R，et al. Chitosan nanoparticles having higher degree of acetylation induce resistance against pearl millet downy mildew through nitric oxide generation [J]. Sci. Rep.，2018，8：2485-2499.

[49] JUNG W J，PARK R D. Bioproduction of chitooligosaccharides：Present and perspectives [J]. Mar. Drugs，2014，12 (11)：5328-5356.

[50] MOURYA V K，INAMDAR N N，CHOUDHARI Y M. Chitooligosaccharides：Synthesis，characterization and applications [J]. Polym. Sci.，2011，53 (7)：583-612.

[51] LI K C，XING R G，LIU S，et al. Separation and scavenging superoxide radical activity of chitooligomers with degree of polymerization 6-16 [J]. Int. J. Biol. Macromol.，2012，51 (5)：826-830.

[52] JOAO C. FERNANDES，FRENI K，et al. Antimicrobial effects of chitosans and chitooligosaccharides，upon Staphylococcus aureus and Escherichia coli，in food model systems [J]. Food Microbiol，2008，25 (7)：922-928.

[53] HARISH PRASHANTH K V，THARANATHAN R N. Depolymerized products of chitosan as potent inhibitors of tumor-induced angiogenesis [J]. Biochim. Biophys. Acta，2005，1722 (1)：22-29.

[54] PARK P K，CHUNG M J，CHOI H N，et al. Effects of the molecular weight and the degree of deacetylation of chitosan oligosaccharides on antitumor activity [J]. Int. J. Mol. Sci.，2011，12 (1)：266-277.

[55] SANTOS-MORIANO P，FERNANDEZ-ARROJO L，MENGIBAR M，et al. Enzymatic production of fully deacetylated chitooligosaccharides and their neuroprotective and anti-inflammatory properties [J]. Biocatal. Biotransf.，2017，35 (1)：57-67.

[56] LIANG TZU-WEN, CHEN WEI-TING, LIN ZHI-HU, et al. An amphiprotic novel chitosanase from Bacillus mycoidesand its application in the production of chitooligomers with their antioxidant and anti-inflammatory evaluation [J]. Int. J. Mol. Sci., 2016, 17: 1302.

[57] DANG Y B, LI S, WANG W X, et al. The effects of chitosan oligosaccharide on the activation of murine spleen CD11c+ dendritic cells via Toll-like receptor 4 [J]. Carbohydr. Polym., 2011, 83: 1075-1081.

[58] KIM H M, HONG S H, YOO S J, et al. Differential effects of chitooligosaccharides on serum cytokine levels in aged subjects [J]. Med. Food, 2006, 9 (3): 427-430.

[59] XING R, LIU Y, LI K, et al. Monomer composition of chitooligosaccharides obtained by different degradation methods and their effects on immunomodulatory activities [J]. Carbohydr. Polym., 2016, 157: 1288-1297.

[60] ZOU P, LI K, LIU S, et al. Effect of chitooligosaccharides with different degrees of acetylation on wheat seedlings under salt stress [J]. Carbohydr Polym, 2015, 126: 62-69.

[61] JIA Z, SHEN D, Effect of reaction temperature and reaction time on the preparation of low-molecular-weight chitosan using phosphoric acid [J]. Carbohydr. Polym., 2002, 49 (4): 393-396.

[62] KUBOTA N, TATSUMOYO N, SANO T, et al. A simple preparation of half-N-acetylated chitosan highly soluble in water andaqueous organic solvent [J]. Carbohydrate Reserch, 2000, 324 (4): 268-274.

[63] 惠娜娜．壳寡糖诱导烟草抗烟草花叶病的多干特点研究 [D]. 杨凌：西北农林科技大学，2007.

[64] 王宇．低聚壳聚糖的制备及其在广式月饼保鲜中的应用研究 [D]. 湛江：广东海洋大学，2013.

[65] JEON Y J, KIM S K. Antitumor activity of chitosan oligosaccharides produced in ultrafiltration membrane reactor system [J]. Journal of Microbiology and Biotechnology, 2002, 12: 503-507.

[66] LI K C, XING R, LIU S, et al. Separation of chitooligomers with several

degrees of polymerization and study of their antioxidant activity [J]. Carbohydrate Polymers, 2012, 88 (3): 896-903.

[67] ZHANG C M, YU S H, ZHANG L S, et al. Effects of several acetylated chitooligosaccharides on antioxidation, antiglycation and no generation in erythrocyte [J]. Bioorganic & Medicinal Chemistry Letters, 2014, 24 (16): 4053-4057.

[68] WU G J, WU C H, TSAI G J. Chitooligosaccharides from the shrimp chitosan hydrolysate induces differentiation of murine RAW264. 7 macrophages into dendritic-like cells [J]. Journal of Functional Foods, 2015, 12: 70-79.

[69] MEI Y X, DAI X Y, YANG W, et al. Antifungal activity of chitooligosaccharides against the dermatophyte trichophyton rubrum [J]. International Journal of Biological Macromolecules, 2015, 77: 330-335.

[70] AAM B B, HEGGSET E B, NORBERG A L, et al. Production of chitooligosaccharides and their potential applications in medicine [J]. Marine Drugs, 2010, 8 (5): 1482-1517.

[71] MUZZARELLI R A. Chitins and chitosans as immunoadjuvants and non-allergenic drug carriers [J]. Marine Drugs, 2010, 8: 292-312.

[72] MALERBA MASSIMO, CERANA RAFFAELLA. Chitosan effects on plant systems [J]. International Journal of Molecular Science, 2016, 17 (7): 996.

[73] LAN W Q, WANG W, YU Z M. Enhanced germination of barley (Hordeum vulgare L.) using chitooligosaccharide as an elicitor in seed priming to improve malt quality [J]. Biotechunology Letters, 2016, 11 (33): 1935-1940.

[74] GUO X Y, YU Z M, ZHANG M H. Enhancing the production of phenolic compounds during barley germination by using chitooligosaccharides to improve the antioxidant capacity of malt [J]. Biotechunology Letters, 2018, 40 (9-10): 1335-1341.

[75] CABRERA J C, MESSIAEN J, CAMBIER P, et al. Size, acetylation

and concentration of chitooligosaccharide elicitors determine the switch from defence involving PAL activation to cell death and water peroxide production in Arabidopsis cell suspensions [J]. Physiologia Plantarum, 2006, 127 (1): 44-56.

[76] ZHAO X, CHEN Z, YU L, et al. Investigating the antifungal activity and mechanism of a microbial pesticide Shenqinmycin against Phoma sp. [J]. Pesticide Biochemistry and Physiology, 2018, 147: 46-50.

[77] KIM S W, PARK J K, LEE C H, et al. Comparison of the Antimicrobial Properties of Chitosan Oligosaccharides (COS) and EDTA against Fusarium fujikuroi Causing Rice Bakanae Disease [J]. Curr Microbiol, 2016, 72: 496-502.

[78] PIOTR S, MONIKA G, MARCIN S. Effects of chito-oligosaccharide coating combined with selected ionic polymers on the stimulation of ornithogalum saundersiae growth [J]. Molecules, 2017, 22 (11): 1903-1915.

[79] 余劲聪，何舒雅，林克明．海洋寡糖诱导植物抗逆性的研究进展 [J]. 中国农业科技导报 (4): 44-51.

[80] 韩扬，汪淑晶．褐藻多糖及其衍生物的抗肿瘤作用 [J]. 生命的化学，2019 (4).

[81] 耿丽华，金维华，王晶，等．海带褐藻多糖硫酸酯的降解与岩藻寡糖的制备 [J]. 高等学校化学学报，2017，38 (12): 1735-1737.

[82] 祝玲，程璐，蔡俊鹏，等．褐藻胶寡糖潜在药用价值的研究进展 [J]. 中药材，2006，29 (9): 993-995.

[83] 刘瑞志，江晓路，管华诗．褐藻寡糖激发子诱导烟草抗低温作用研究 [J]. 中国海洋大学学报（自然科学版），2009，39 (2): 243-248.

[84] 李佳琪，汤洁，李明月，等．不同分子量的褐藻寡糖对黄瓜幼苗光合作用及生长的影响 [J]. 中国农业大学学报，2018，23 (9): 53-59.

[85] NATSUME M, KAMO Y, HIRAYAMA M, et al. Isolation and characterization of alginate-derived oligosaccharides with root growth-promoting activities [J]. Carbohydrate Research, 1994, 258 (20): 187-197.

[86] 毕旺华，冯晓梅，李建杰，等．褐藻寡糖对杏鲍菇菌丝体生长的影响

[J]. 安徽农业科学，2014，42 (31)：10841-10844.
[87] AOYAGI H，TETSUYA J，TANAKA H. Alginate promotes production of various enzymes by Catharanthus roseus cell [J]. Plant Cell Reports，1998，17：243-247.
[88] AKIMOTO C，AOYAGI H，TANAKA H. Endogenous elicitor-like effects of alginate on physiological activities of plant cells [J]. Applied Microbiology and Biotechnology，1999，52 (3)：429-436.
[89] 刘斌，王长云．海藻多糖褐藻胶生物活性及其应用研究新进展 [J]. 中国海洋药物，2004，23 (6)：36-41.
[90] 何凯．杨凌温室番茄主要病虫害防控生物源药剂筛选 [D]. 咸阳：西北农林科技大学，2018.
[91] 刘传记．绿色环保型生物农药在农业生产中的推广应用价值——浅析氨基寡糖素对作物多种病害的作用机理和防治效果 [J]. 安徽农学通报 (8)：173-174.
[92] 郭金丽，梁爽，邵长芬，等．干旱胁迫下景天植物光合作用与超微弱发光的关系 [J]. 西北植物学报，2017 (9)：1789-1796.
[93] 张辉，张蓓蓓，景琦，等．不同小麦品种种子萌发生长、叶片叶绿素含量和荧光动力学特征差异分析 [J]. 江西农业学报，2019 (9)：9-15.
[94] 邹平．特定乙酰度壳寡糖诱导小麦抗盐作用及其机理研究 [D]. 南京：中国科学院研究生院 (海洋研究所)，2015.
[95] 张运红，和爱玲，杨占平，等．海藻酸钠寡糖灌根处理对小麦光合特性、干物质积累和产量的影响 [J]. 江西农业学报，30 (11)：5-9.
[96] 陆志峰．钾素营养对冬油菜叶片光合作用的影响机制研究 [D]. 武汉：华中农业大学，2017.
[97] 郝树芹，束靖，段曦，等．不同秸秆复配基质对丝瓜幼苗形态指标、光合色素、光合特性及根系活力的影响 [J]. 北方园艺，2019 (14).
[98] 秦世玉，郭文英，程锦，等．不同浓度镉胁迫对冬小麦根系生长的影响 [J]. 河南农业大学学报，2019，53 (4).
[99] 狄楠．灌水深度对冬小麦根系形态分布及根系活力的影响 [D]. 太原：太原理工大学，2016.

[100] 罗树凯，梁虎军，陈婧，等. 3种植物生长调节剂、免疫诱抗剂对促进棉花生长的效果 [J]. 中国棉花，2016，43 (3)：24-26.

[101] LUIS B，FABIENNE M，DEVIN O，et al. Lipo-chito-oligosaccharides promote lateral root formation and modify auxin homeostasis in Brachypodium distachyon [J]. New Phytol，2019，221：2190-2202.

[102] 储凤丽，刘亚军，王文静，等. 干旱胁迫对甘薯活性氧代谢、渗透调节物质、SPAD及叶绿素荧光特性的影响 [J]. 中国农学通报，2019，35 (26).

[103] ZOU P，LI K C，LIU S，et al. Effect of sulfated chitooligosaccharides on wheat seedlings (*Triticum aestivum* L.) under salt stress [J]. Journal of Agricultural & Food Chemistry，2016，64 (14)：2815-2821.

[104] 胡雪芳，田志清，梁亮，等. 寡聚酸碘抑制TMV活性测定及对番茄生长影响初探 [J]. 中国农业大学学报，2018，23 (8)：41-49.

[105] VERHAGEN B W M，TROTEL-AZIZ P，COUDERCHET M，et al. *Pseudomonas* spp.-induced systemic resistance to Botrytis cinerea is associated with induction and priming of defence responses in grapevine [J]. Journal of Experimental Botany，2010，61 (1)：249-260.

[106] EHSANI-MOGHADDAM B，CHARLES M T，CARISSE O，et al. Superoxide dismutase responses of strawberry cultivars to infection by Mycosphaerella fragariae [J]. Journal of Plant Physiology，2006，163 (2)：147-153.

[107] HAMEED A，IQBAL N. Chemo-priming with mannose，mannitol and H_2O_2 mitigate drought stress in wheat [J]. Cereal Research Communications，2014，42 (3)：450-462.

[108] JOCKUSCH H. The role of host genes，temperature and polyphenoloxidase in the necrotization of MV infected tobacco tissue [J]. Journal of Phytopathology，1966，55 (2)：185-192.

[109] 范海延，李宝聚，曲波，等. 葡聚六糖对黄瓜幼苗活性氧代谢的影响 [J]. 沈阳农业大学学报，2006，37 (1)：90-92.

[110] SANCHEZ-CASAS P，KLESSIG D F. A salicylic acid binding activity

and a salicylic acid inhibitable catalase activity are present in a variety of plant species [J]. Plant Physiology，1995，106 (4)：1675-1679.

[111] VAN d B L A M，KNOOP R J I，KAPPEN F H J，et al. Chitosan films and blends for packaging material [J]. Carbohydrate Polymers，2015，116 (13)：237-242.

[112] 袁新琳，李美华，于丝丝，等．5%氨基寡糖素诱导棉花抗枯黄萎病研究 [J]. 中国棉花，2016，43 (3)：15-18.

[113] 张云飞，张现征，王立霞，等．夜间补充 UV-C 和蓝光对黄瓜病害防控及植株生长发育的影响 [J]. 核农学报，2019 (8)：1630-1638.

[114] 潘洁．阿魏酸处理对采后番茄果实品质影响及青霉病控制的研究 [D]. 杭州：浙江工商大学，2017.

[115] 蒲金基，刘晓妹，曾会才．2 种激发子对西瓜枯萎病的诱抗作用 [J]. 热带作物学报，2003，24 (3)：47-50.

[116] 程智慧，李玉红，孟焕文．BTH 诱导黄瓜幼苗对霜霉病的抗性与细胞壁 HRGP 和木质素含量的关系 [J]. 中国农业科学，2006，39 (5)：935-940.

[117] 赵亚婷，刘豆豆，朱璇，等．采前壳寡糖处理对杏果实黑斑病的抗性诱导 [J]. 西北植物学报，2015，35 (7)：1409-1414.

[118] 李乐书．防治瓜类细菌性果斑病生物种衣剂的研制 [D]. 南京：南京农业大学，2015.

[119] ZHANG X Q，LI K C，XING R，et al. Size effects of chitooligomers on the growth and photosynthetic characteristics of wheat seedlings [J]. Carbohydrate Polymers，2016，138：27-33.

[120] 郑冬晓．春性小麦低温灾害指标和可种植界限变化研究 [D]. 北京：中国农业大学，2019.

[121] 中华人民共和国国家统计局．中国统计年鉴 2017 [M]. 北京：中国统计出版社，2017.

[122] 吕璞．江汉平原小麦不同氮肥运筹模式研究 [D]. 荆州：长江大学，2017.

[123] 何中虎，庄巧生，程顺和，等．中国小麦产业发展与科技进步 [J]. 农

学学报，2018，8（1）：99-106.

［124］刘志勇，王道文，张爱民，等．小麦育种行业创新现状与发展趋势［J］. 植物遗传资源学报，2018，19（3）：430-434.

［125］赵广才，常旭虹，王德梅，等．小麦生产概况及其发展［J］. 作物杂志，2018（4）：1-7.

［126］陈欢．黄淮不同年代小麦品种氮素利用和麦田温室气体排放的差异［D］. 北京：中国农业大学，2018.

［127］李小方，张志良．植物生理学试验指导［M］. 北京：高等教育出版社，2016.

［128］高俊山，蔡永萍．植物生理学试验指导［M］. 北京：中国农业大学出版社，2018.

［129］YIN H，DU Y. Research Progress in Oligosaccharins Ⅱ Oligosaccharin Receptors in Plant Immunity［M］. Springer New York，2016（2）：29-39.

图书在版编目（CIP）数据

氨基寡糖素对小麦和玉米的促生作用及其机理的研究 / 刘润强著．—北京：中国农业出版社，2021.2

ISBN 978-7-109-27928-5

Ⅰ.①氨…　Ⅱ.①刘…　Ⅲ.①寡糖－作用－小麦－植物生长－研究 ②寡糖－作用－玉米－植物生长－研究
Ⅳ.①S512.1 ②S513

中国版本图书馆 CIP 数据核字（2021）第 025294 号

中国农业出版社出版

地址：北京市朝阳区麦子店街 18 号楼

邮编：100125

责任编辑：郭晨茜　谢志新　　策划编辑：谢志新　　文字编辑：徐志平

版式设计：杜　然　　责任校对：刘丽香

印刷：中农印务有限公司

版次：2021 年 2 月第 1 版

印次：2021 年 2 月北京第 1 次印刷

发行：新华书店北京发行所

开本：880mm×1230mm　1/32

印张：2.75

字数：100 千字

定价：38.00 元
